现代室内装饰材料与构造研究

张　扬◎著

吉林出版集团股份有限公司
全国百佳图书出版单位

图书在版编目（CIP）数据

现代室内装饰材料与构造研究 / 张扬著 . -- 长春：
吉林出版集团股份有限公司 , 2024. 7. -- ISBN 978-7
-5731-5501-6

Ⅰ . TU56；TU238.2

中国国家版本馆 CIP 数据核字第 2024VE3684 号

现代室内装饰材料与构造研究

XIANDAI SHINEI ZHUANGSHI CAILIAO YU GOUZAO YANJIU

著　　者　张　扬

责任编辑　蔡大东

封面设计　谢婉莹

开　　本　710mm×1000mm　　　　1/16

字　　数　230 千

印　　张　11.5

版　　次　2025 年 1 月第 1 版

印　　次　2025 年 1 月第 1 次印刷

印　　刷　天津和萱印刷有限公司

出　　版　吉林出版集团股份有限公司

发　　行　吉林出版集团股份有限公司

地　　址　吉林省长春市福祉大路 5788 号

邮　　编　130000

电　　话　0431-81629968

邮　　箱　11915286@qq.com

书　　号　ISBN 978-7-5731-5501-6

定　　价　72.00 元

前　言

现代室内装饰业在我国始于 20 世纪 80 年代，它经历了蹒跚学步的阶段，边学习、边摸索、边实践，发展到今天已经逐步走向成熟。如今，室内装饰行业已成为一个独立的产业。

随着我国室内装饰业的迅速发展和人民生活水平的不断提高，人们对生活、工作和娱乐等空间环境的要求也越来越高。目前，室内装饰工程量每年都在递增，从而有力地促进了装饰材料业的发展。室内装饰材料是室内装饰工程的物质基础，是实现使用功能和装饰效果的必要条件。室内空间环境的装饰效果及功能都是通过装饰材料的质感、色彩及性能和多种形态的装饰构造等方面的因素来实现的。室内装饰材料与构造是室内设计的重要内容。

经过市场竞争的洗礼，我国的室内设计师队伍已成长起来，许多设计师不仅在国内享有盛誉，在境外的设计大赛中也崭露头角。我国拥有巨大的建筑市场，设计领域里的竞争也越来越激烈，面对市场竞争，设计师只有提升自己的专业水平和能力，勇敢迎接挑战，才能立于不败之地。因此，从事室内装饰工程的设计人员和工程技术管理人员都必须熟悉各类装饰材料的性质以及室内装饰构造的要求。

在内容上，本书共分为五个章节，第一章为室内装饰概述，主要介绍了室内装饰设计的概念与类型、室内装饰材料的基础知识、室内装饰构造的基础知识、中国室内装饰设计的发展四部分内容；第二章叙述了室内地面装饰材料与构造，依次是室内地面装饰概述、室内地面常用装饰材料、整体式地面装饰构造、块材式地面装饰构造、木质地面装饰构造、软质制品地面装饰构造；第三章介绍了室内墙面装饰材料与构造，分别是室内墙面装饰概述、室内墙面常用装饰材料、涂抹类墙面装饰构造、贴面类墙面装饰构造、罩面板类墙面装饰构造、幕墙墙面装饰构造；第四章讲述了室内顶棚装饰材料与构造，分别是室内顶棚装饰概述、室内顶棚常用装饰材料、直接式顶棚装饰构造、悬挂式顶棚装饰构造、特殊顶棚装饰构造、顶棚特殊部位装饰构造；第五章为室内细部装饰材料与构造，分为楼梯装饰材料与构造、门窗装饰材料与构造、隔断装饰材料与构造三个部分。

在撰写本书的过程中，作者参考了大量的学术文献，得到了许多专家学者的帮助，在此表示真诚感谢。由于作者水平有限，书中难免有疏漏之处，希望广大同行指正。

张扬

2024 年 1 月

目 录

第一章　室内装饰概述

本章为室内装饰概述，从四个方面展开论述，主要介绍了室内装饰设计的概念与类型、室内装饰材料的基础知识、室内装饰构造的基础知识、中国室内装饰设计的发展四部分内容。

第一节　室内装饰设计的概念与类型

室内装饰是对建筑室内空间的美化，兼具建筑艺术和造型艺术的特征。室内装饰设计是指为满足人们的生产、生活的物质要求和精神需求，针对建筑内部装饰所进行的理想的设计。室内装饰设计是建筑装饰设计的重要组成部分，与室内设计联系密切。室内设计者在从事室内设计工作的绝大部分时间里，都是以室内装饰设计为主的。所以，对室内装饰的考察、研究和体验是每一位设计者必须面临的挑战。

一、室内装饰设计的概念解析

在人类历史的长河中，人类要求生活更舒适、更实用的愿望，成为推动仅具有避难所功能的原始建筑不断发展的动力。室内装饰设计必须进一步满足和实现这个愿望，将功能和美结合起来，从而构成各种令人心旷神怡的空间。

在建筑学中，"空间"是一个内涵非常丰富的专业术语。通常来说，空间是指由结构和界面所限定围合的供人们活动、生活、工作的区域。对于一个六面体的房间来说，很容易区分室内空间和室外空间，但是，对于不具备六面体特性的房间来说，往往可以表现出多种多样的内外空间关系，有时确实难以在性质上加以区分。区分的最基本标准是"室内空间"是具有顶界面的。

室内装饰设计是为了满足人们各种行为需求，运用一定的物质技术手段，根据使用对象的特殊性以及他们所处的特定环境，对建筑内部空间进行规划和组织，从而创造出有利于使用者物质功能需要与精神功能需要的安全、卫生、舒适、优美的室内环境。室内装饰设计偏重于对室内界面的艺术处理和材料的选用，更多关注空间中二维平面的装饰效果，同时也包括对室内家具、灯具、陈设的选用。

一是实质环境。实质环境可分为两类：第一类是建筑物自身的构成要素，与建筑连成一体，不可任意移动，属于固定形态要素，例如，梁、柱、顶棚、地面、墙面和门窗等；第二类是室内一切固定或活动的家具摆放，例如，壁柜、桌椅、厨房设备、隔断及浴厕洁具等。

二是非实质环境。非实质环境是指与室内气氛有关的多种要素，包括室内光环境、色彩、采光、通风和促进室内视觉美感的装饰要素。具体地讲，如，墙面、地面、顶棚的饰面处理，室内的雕刻、壁挂等。除此之外，还应注意对人体工程学的研究，因为能否满足人的心理、生理要求是评价一个设计好坏的重要标准。

二、室内装饰设计的类型划分

（一）根据设计对象分类

按设计对象来分，室内装饰设计可以分为室内风格设计、空间设计、照明设计、色彩设计、环境设计、饰品设计等。

室内风格设计的具体内容包括运用文化、历史、自然等设计元素完成个性化设计；室内空间设计的具体内容包括室内的界面、构件的设计；室内照明设计的具体内容包括室内电光源、灯具、照明组合方式的设计；室内色彩设计的具体内容包括室内界面色彩、室内家具色彩、环境色彩的设计；室内环境设计的具体内容包括室内自然采光、通风、绿化等方面的设计；室内饰品设计的具体内容包括室内的浮雕、挂画等饰品设计。

（二）根据建筑物的性质和使用功能分类

按建筑物的性质和使用功能来分，室内装饰设计可以分为居住类建筑装饰设计和公共类建筑装饰设计、工业类室内装饰设计和农业类室内装饰设计等多种形式。

通常，居住类室内装饰设计的类型不多，但是由于个人需求的不同，因此往往差异较大，个性化明显。公共类室内装饰类型虽多，但各种类型中相同的空间环境却随处可见，如办公室、门厅、训练馆等。

在对室内诸多功能进行多样化的类别划分之后，设计师就能够更为自如地针对各种形式的使用功能空间做合适的风格定位，并在设计时综合考虑空间、材料和色彩等多个方面。比如，虽然居住建筑的室内空间和宾馆建筑的客房都可以归类为居住空间，但是需要注意的是，二者的使用性质有着较大的差异。因此，在进行室内装饰设计时，必须切实考虑建筑使用性质的差异问题，只有将各方面的影响因素都仔细考虑到，其最终的居住类室内空间设计结果才能让使用者获得温暖和舒适的感受；而在宾馆的建筑设计中，其客房的设计效果才可以完美呈现出合理的功能表现、紧凑的空间感和便捷的使用体验。

（三）根据设计风格分类

按设计的风格来分，室内装饰设计可以分为传统风格、现代主义风格、后现代主义风格、新现代主义风格、解构主义风格、自然风格以及混合型风格等多种类型。

1. 传统风格的室内装饰设计

传统风格的室内装饰设计，主要是指在室内布置、线型、色调以及家具、陈设的造型等方面，吸取传统装饰"形""神"特征的一种室内装饰设计风格。一般相对现代主义而言，传统风格的室内装饰设计是具有历史文化特色的室内风格设计，强调历史文化的传承、人文特色的延续。传统风格包括一般常说的中式风格、欧式风格、伊斯兰风格、地中海风格、日本传统风格等。同一种传统风格在不同的时期、地区，其特点也不完全相同。如，欧式风格可分为哥特风格、古典主义风格、法国巴洛克风格、英国巴洛克风格等；中式风格也可分为明清风格、隋唐风格、徽派风格、川西风格等。

2. 现代主义风格的室内装饰设计

现代主义风格起源于包豪斯学派，包豪斯学派于 1919 年创立，这一学派立足于当时的历史环境，主张创新建筑设计，强调功能和空间布局的重要性，该学派注重展现结构本身的美学和简约造型，反对过多的装饰，关注构成工艺的合理性，尊重材料自身的特性表现，并注重材料的质地和色彩组合效果，最终创造出了一种有别于传统的、以功能布局为基础的不对称构图方法。包豪斯学派高度关注具体的工艺制造过程，并十分重视设计与工业生产之间的紧密联系。

现代主义的风格代表了简洁、高雅且充满亲和力的生活环境。某些带有"新极简抽象派"特色的现代主义艺术风格，已经与过去那种乏味、死板、无聊的极简抽象环境形成了鲜明对比，在形式与功能上的融合极为完美，营造了一种令人愉悦的氛围。这一设计风格将复杂元素简化，从而让房间内各种设计元素的简约美感得到了充分的体现。现代主义的风格增加了对环境的关注，它热情地接纳了自然的色彩，并利用这些色彩来创造需要的氛围。在突出形状和质地的基础上，再加上新旧家具的混合使用，使得这种风格突破了时代的限制，变得容易被接受。现代主义风格的特点如下：

（1）功能主义特征

强调以功能为设计的中心和目的，而不再以形式为设计的出发点，讲究设计的科学性，重视设计实施时的科学性与方便性。

（2）形式上提倡非装饰的简单几何造型

受艺术上的立体主义影响，推广六面建筑和幕墙架构，提倡标准化原则、中性色彩计划与反装饰主义立场。

（3）在具体设计上重视空间的规划

强调整体设计，反对在图板上、预想图上设计，而主张以模型为中心的设计规划。

（4）重视设计对象的费用和开支

把经济问题放到设计中，作为一个重要因素加以考虑规划，从而达到实用、经济的目的。

3. 后现代主义风格的室内装饰设计

从 20 世纪 60 年代开始，后现代主义开始萌芽。在后工业社会来临之时，引发了一系列社会变革。科学技术的进步以及第三产业的快速发展，逐渐影响到平面设计和产品设计，继而出现了狭义的后现代主义和广义的后现代主义。

　　后现代主义的设计理念主张建筑和室内装饰需要始终保持历史的连续性，鼓励创新的造型技巧的应用，强调人情味的表现，并常常在室内设计中使用造型夸张的柱子或是有断裂痕迹的拱券。此外，它还尝试使用新的方式对古典构件的抽象形式进行组合，如选择使用非传统的混合、叠加、错位等手法，并结合象征、隐喻等技巧，旨在创造一个结合感性与理性、传统与现代、大众与专家的设计作品。代表后现代主义风格的作品包括澳大利亚悉尼歌剧院、巴黎蓬皮杜艺术与文化中心、摩尔的新奥尔良意大利广场等。

　　4. 新现代主义风格的室内装饰设计

　　在 20 世纪 70 年代，世界上大部分的设计师感觉难以探寻到现代主义的未来发展道路，这些人认为有必要对各种历史和装饰风格进行适应时代发展的变革，后现代主义运动因此诞生。尽管如此，仍有部分设计师持续不断地对现代主义进行深入的研究和创新探索，他们的设计完全基于现代主义的基本语言。新现代主义风格既具有现代主义严谨的功能主义和理性主义特点，又具有独特的个人表现和象征特征。从技术的角度看，新现代主义强调先进技术的应用，并始终确保技术与艺术之间保持着有效交流。在装饰艺术中，新现代主义善于利用材料的质感与色彩表现等细致的手法；与后现代主义的手法相比，新现代主义在处理传统历史时更倾向于包容和尊重。贝聿铭无疑是新现代主义流派中的一位卓越人物，他的室内装饰设计深受传统文化的影响，基于实际情况，汲取本地文化中的精髓，同时也从外部文化中汲取先进的设计理念，在设计过程中实现两者的完美融合，并在装饰原则、材料和技术上追求理性。

　　5. 解构主义风格的室内装饰设计

　　在 20 世纪 60 年代，法国哲学家德里达提出了解构主义的哲学观点，其主要目的是进一步批判 20 世纪初在欧美流行的结构主义理论思维传统。在建筑和室内设计领域，解构主义流派对传统的古典观念和构图规律均持有否定看法，他们主张不被拘束于历史文化和传统理性当中，虽然表面上看起来是结构的瓦解，实质上是对传统构图方式的创新变革。解构主义设计风格强调变化和随机，用分解的观念，通过打碎、叠加、重组，对传统的功能与形式的对立统一创造出支离破碎和不确定感。在室内装饰设计中将室内空间、装饰构件、家具陈设以及装饰材料等多方面的元素，统一在一个特定范畴内进行拆解，根据不同使用者自身意识条件，将这些拆解得到的元素再一次地重构，构建出的室内设计形态具有其独创新颖的特点。重要的代表人物有弗兰克·盖里、柏纳德·屈米等人，丹尼尔·里博斯金的犹太人博物馆和盖里的古根海姆博物馆为解构主义风格的代表作品。

6. 自然风格的室内装饰设计

自然风格主张自然相融合的理念，并认为只有积极发扬美学上的尊重自然并与之相结合的理念，人们才可以在现代高科技和快节奏的社会生活中实现生理和心理的均衡发展。结合这一理念，在进行室内装饰设计的时候，设计者常常会在室内环境中使用木材、石材等自然素材，以便更好地展示这些材料的纹理特性，营造出清新而雅致的意境。另外，田园风格也可以被归类为自然风格的一种，这主要是因为二者在设计手法与表现意旨上存在相似性。美式田园设计追求展现出宁静、愉悦和自然的乡村生活氛围，并经常采用如木头、石头、藤蔓、竹子等简朴的自然材料。田园式的设计巧妙地在室内融入了绿意，营造出一个自然、朴素和高尚的环境。

7. 混合型风格的室内装饰设计

伴随着时代的发展，建筑设计与室内装饰设计整体上展现出了多样性和包容性的特点。在室内装饰设计中，既融合了现代实用性，又吸纳了传统元素，将古今中外的各种元素完美结合。比如，将传统的屏风摆设与现代风格的墙面、沙发等加以组合，使其相得益彰。除此之外，还可以将欧洲古典风格的琉璃灯饰和墙面装饰与东方的传统家具和其他地区的传统装饰、小品等元素相结合。

第二节 室内装饰材料的基础知识

室内装饰材料，是指那些在建筑物的内部墙壁、棚子、柱子等物体表面以及地面的罩面材料。现如今我们见到的大多数室内装饰材料，不但有助于优化室内的艺术氛围，让人们享受到审美的愉悦，还具备防火、防潮、隔音、隔热等功能。这些材料在保护建筑物的主体结构、确保其拥有较长使用期限和某些特定需求方面发挥着不可或缺的作用。

一、室内装饰材料的类型

室内装饰装修材料的类型、品种繁多，根据化学成分的不同可分为有机装饰装修材料和无机装饰装修材料以及复合式装饰装修材料。无机装饰装修材料又分为金属装饰装修材料和非金属装饰装修材料两大类型。更多的分类方法是按建筑室内的装修部位来划分，如表 1-2-1 所示。

表 1-2-1　室内装饰材料的类型

类型	种类	材料
内墙装饰材料	墙面涂料	面漆、有机涂料、无机涂料、复合涂料
	墙纸	纸面纸基壁纸、纺织物壁纸、天然材料壁纸、塑料壁纸
	墙布	玻璃纤维贴墙布、麻纤无纺墙布、化纤墙布
	装饰板	木质装饰板、重组装饰材、树脂浸渍纸高压层积板、塑料板、金属板、矿物板、陶瓷壁画、穿孔吸音板、植绒吸音板
	墙面砖	陶瓷釉面砖、陶瓷墙面砖、陶瓷锦砖、玻璃马赛克
	石饰面板	天然石材饰面板、人造石材饰面板
地面装饰材料	地面涂料	地板漆、水性地面涂料、乳液型地面涂料、溶剂型地面涂料
	木、竹地板	实木地板、实木复合地板、强化地板、竹木地板、拼花地板、集成地板
	聚合物地坪	聚醋酸乙烯地坪、环氧地坪、聚酯地坪、聚氨酯地坪
	塑料地板	印花压花塑料地板、碎粒花纹地板、发泡塑料地板、塑胶地板
	地面砖	水泥花阶砖、水磨石预制地砖、陶瓷地砖、马赛克地砖、清水砖
	地毯	纯毛地毯、混纺地毯、合成纤维地毯、塑料地毯、植物纤维地毯
吊顶装饰材料	木质装饰板	木丝板、软质穿孔吸声纤维板、硬质穿孔吸声纤维板
	塑料吊顶板	钙塑板、PS 装饰板、玻璃钢板、有机玻璃板、PVC 扣板、塑钢板、木塑板
	矿物吸声板	珍珠岩吸声板、矿棉吸声板、玻璃棉吸声板、石膏吸声板
	金属吊顶板	铝合金吊顶板、金属微穿孔吸声吊顶板、金属箔贴面吊顶板
门窗材料		木质门窗、铝合金门窗、塑钢门窗、断桥铝门窗、铝包木门窗、彩板门窗以及不锈钢门
管材		上水管、下水管、热水管、地下排水管、电线管
五金		结构五金、门窗五金、水暖五金、家具五金
胶黏剂		壁纸及墙布胶黏剂、瓷砖胶黏剂、地板胶黏剂、大理石板材和花岗石板材胶黏剂、管道胶黏剂

二、室内装饰材料的功用

室内装饰设计的核心目标在于提升建筑的美观度，为人们创造一个既实用又美观的室内环境，并在一定程度上为建筑提供保护，进一步延长建筑本身的使用寿命。

在建筑装饰领域，室内装饰材料不只是在室内环境当中发挥作用，其在装饰建筑方面也担任着至关重要的角色。建筑可以被视为一种造型艺术，它要想表现外观效果，常常会通过材料本身的颜色、质地以及整体建筑的形体比例等方面实现。一般而言，建筑装饰中所使用的各种装饰材料都有独特的质感表现，就算是同一种材料，在表面处理技术存在差异的情况下，也可能产生极具差异性的装饰效果，例如镜面石材与毛面石材、镜面瓷砖和吸光瓷砖等。

满足使用功能的需求。在室内空间设计中，不仅要追求美观和出色的装饰效果，还需满足各种使用功能的需求。各种空间环境都有其特定的需求，比如，卧室的地面常常使用木质地板或是直接铺地毯，主要是因为这样的地面具有一定的弹性，能让人在行走时更加舒服；卫生间的地面应当选用防水的材料；舞厅的墙面应当选用隔音、防火的材料。总的来说，在进行室内空间的装饰设计时，对于各种材料的选择应该根据实际的使用功能需求决定。

对室内的空间环境进行优化和美化。建筑不只是造型艺术形式，它同时也是一种空间艺术表达，这种艺术主要利用室内的装饰手法来优化和美化室内环境。室内装饰不仅能营造出一种简朴、庄严、尊贵和华美的氛围，还能满足各种不同功能的使用需求。房间内墙的装饰设计需要按照房间的实际用途来选择，通常推荐使用质地细腻且真实的材料。

对建筑物进行保护，并延长其使用寿命。大部分的室内装饰材料是应用于建筑的表面，经常会受到光、风、雨等自然条件的作用以及其他不利条件的影响。因此，装饰不仅可以确保建筑物免受损害或少受损害，还能够在很大程度上有效维护建筑物的完整性并延长其使用年限。

三、室内装饰材料的装饰性

设计师对材料的认识应从形、色、质、肌四方面入手，充分利用材料肌理美感的不同组合形式，体现材料本身的价值，使建筑形式更有意义。

（一）色彩

材料的色彩是由三个因素决定的：材料的反射光谱；观察过程中照射到材料表面的光线的光谱；观察者眼睛对光谱的敏感表现。色彩并不是材料固有的属性，它与物理学、生理学、心理学等多个领域密切相关。对于一个人来说，其心理感官会在很大程度上直接展现出自身对于各类色彩的具体感知，并且大部分不和谐的色彩搭配会导致人们产生视觉反应。通过合适的色彩选择与和谐的色彩组合，可以营造出一个舒适的工作和生活环境。装饰用的材料颜色种类繁多，特别是像涂料和壁纸这样的装饰材料极为多样。各种颜色为人们带来了独特的体验，我们在室内装饰设计时利用这一特性，可以使建筑展现出简单或奢华、温馨或严肃等视觉效果。人们对于色彩的感知也会受到其所处环境的制约，比如，在高温的环境下，青灰色调可能显得更为清凉和宁静，但在寒冷的环境，它可能会给人一种阴郁的感觉。

（二）光泽性

在评估材料外观时，光泽作为一种特性，在诸多特性表现当中，其重要程度仅次于色彩。当光线打在物体上时，一部分会被反射，其余的则会被吸收。若是被照射的物体是透明的，那么将有一部分光线会被透射出去。若是反射的光线集中在与其入射角对称的角度时，这种现象就属于镜面反射。当反射的光线散布在多个方向时，我们称这种现象为漫反射。材料本身所具备的色彩和亮度会在很大程度上直接影响漫反射，并且，材料之所以能够出现光泽，其中最为关键的就是镜面反射的存在。光泽作为一种方向性的光线反射特性，对于物体图像的清晰度或者说反射光线的强度，具有关键性的影响。相同的颜色既可能显得明亮，也可能显得暗淡，这与材料的表面光泽度有着密切的联系。一般情况下，我们可以使用光电光泽计来测量材料表面的光亮度。

（三）透明度

材料的透明度是和光线有较大关联的一种特性，那些既可以透光又可以透视的物体就被称作透明体，相比之下，只能透光但不可以透视的物体则被称为半透明体，那些既不能透光，也不能透视的物体就被称作不透明体。下面我们就对此进行说明，通常情况下建筑中使用的普通玻璃就是透明的，而那些磨砂玻璃则是半透明的，而金属、木材等材料则为不透明的。

（四）饰面质感

装饰材料的表面组织因其使用的原料、比例、制造工艺和处理方式的差异，展现出各种不同的特性，如精细或粗糙、坚固或疏松、平滑或不平整等。各种材质都会带来独特的质感，而这些极具差异性的质感会让人获得各种不同的感受。比如那些硬质且表面平滑的材料，通常会给人一种严肃、整洁、有力量的感觉；而具有弹性和柔软特性的材料，常常会给人带来舒适、柔软等感觉。除此之外，使用相同的材料但采用不同的处理方法，会产生不同的质感，我们将粗犷的混凝土与光滑的混凝土墙面进行对比之后就能够明显发现，二者的质感截然不同。

饰面所展现出的质感与特定建筑的外形、体积和立面设计风格有着紧密的联系。对于体积较小且立面设计较为纤细的建筑来说，粗犷的饰面材料和制作方法可能并不是最佳选择，但对于体积较大的建筑来说，其效果会更为出色。此外，若是只从远处观察外墙的装饰效果，那么选择相对粗糙的材料并不是问题。大部分的室内装饰都是从近处进行观察的，有时还会与人产生直接的接触，而这些装饰往往会选择使用具有细致质感的材料。较为宽阔的公共空间的内部墙面，可以适当地采用较大的线条和不同粗细质感的材料来进行装饰，这样可以获得较好的装饰效果。

（五）规格

在室内装饰设计的过程中，各类装饰材料的形态和大小，都需要遵守特定的规定和标准。其中只有卷材的尺寸和形态可以根据实际需求进行调整，绝大部分的装饰材料并不需要进行切割，因为在进行选购的时候，这些装饰材料就已经具备了特定的几何形状和规格，这样在使用过程中就能方便地组合出各种不同的图案和花纹。在室内装饰设计中，不同的装饰材料本身所具备的花纹与图案都需要进行明确的规定。

在立面装饰中，分格缝与凹凸的线条能够凸显装饰效果。在抹灰、天然石材等方面进行分块和分格的设置，不仅是为了减少裂缝的产生和更好地进行接茬，同时也是为了满足装饰立面在比例和尺度感方面的特定需求。以现有的本色水泥砂浆抹面建筑为例，这些建筑通常会采用横向凹缝或使用其他不同的材质和颜色的材料进行嵌缝，这种方法在很大程度上弥补了传统抹面在质感上的不足，有助于减少抹面色彩不均匀的问题。

（六）图案、花纹

在进行室内装饰设计时，不管是石材表面的自然花纹，还是木材内部的不同纹理，又或是工业制造的各类壁纸的花纹与图案，我们选择时都需要遵守相关的规定，以便获得理想的装饰表现效果。

（七）立体造型

装饰材料的立体造型涵盖了多个方面，如压花、浮雕、雕塑等，这些各具特色的装饰表现形式在很大程度上突出表现了装饰材料的质感，并进一步强化了装饰效果，预先制作的装饰性花饰和雕塑作品，通常都展现出特定的立体造型。

简单来说，装饰材料不仅需要满足上述标准，还必须在强度、耐水性、抗火性等多方面有着良好的表现，以确保装饰材料在使用过程中，其原有特性不会在长时间的使用之后发生较大程度上的改变。

四、室内装饰材料的选择依据

室内装饰旨在营造一个安静、舒服、自然的环境，以方便人的居住，其中，设计者一般会通过装饰材料本身的颜色、质感、线型来展现最终的室内装饰艺术效果，这些也是我们通常所说的建筑物饰面的三大要素。在室内装饰的过程中，材料的色彩、质感以及如何搭配等方面都会对室内整体氛围产生一定程度上的影响。通常来说，在选择室内装饰材料时，应重点关注以下几个关键因素：

（一）建筑性质与装饰部位

建筑的种类是多种多样的，它们的性质和功能也各不相同，因此对于装饰材料的需求也存在差异。以人民大会堂为例，它要表现得庄重而神圣，其装饰材料通常是坚硬且表面平滑的，常选择大理石和花岗石等材料，在颜色的选择上常选择较深的色彩；医院的环境氛围较为沉重且需要时刻保持安静，建议使用淡色或素色的装饰材料。此外，根据装饰部位的差异，所选用的材料也会有所差异。卧室的墙壁应该是淡雅而明亮的，但是需要规避强烈的反光，特别是在壁纸、墙布等装饰材料的选择上要特别注意；家庭中的厨房和卫生间的环境应当始终保持清洁，所以需要选择白色的瓷砖进行装饰。

（二）地域与气候

选择装饰材料时，通常会考虑到当地的地理环境和气候条件。比如，在某些寒冷的地方，若是选择散热较快的装饰材料，就会使人觉得不适。因此，建议使用热传导效率较低的装饰材料，以便使人感觉温暖舒适；另外，若是某地比较热，就需要使用散热较快或是有一定冷感的装饰材料。在颜色的选择上，对于炎炎夏日里的冷饮店来说，需要使用冷色材料进行店面的装饰，如蓝色、紫色等。而在地下室和冷藏库的装饰设计中，为了减少人们的冷感，就需要使用部分暖色调的颜色，如红色、黄色、橙色等，从而使人能够从中感受到温暖。

（三）空间与场地

因为场地和空间存在差异，所以需要使用与其相匹配的装饰材料。宽敞的会堂、影院，其装饰材料的表面结构可以是粗犷而坚固的，同时具有显著的立体感，可以选择使用大线条的图案花纹。比较宽敞的房间，也可以根据具体需求选择使用深色与较大的图案进行装饰设计，这样不会给人过于空旷的感觉。然而，部分规模较小的住宅，如我国大多数城市中的小户型住宅，选择具有细腻质感、细长线条和具有扩容效果颜色的装饰材料是最为合适的。

（四）标准与功能要求

在选择装饰材料时，应当同时满足建筑的标准和功能要求。

若是建筑的装饰材料需要具备保温和绝热特性，其墙壁装饰材料的选择可以是泡沫型壁纸，玻璃则可以选择绝热或调温类型的玻璃。一般情况下，若是进行音乐厅、剧院、影院、舞厅等建筑的室内装饰材料选择的时候，设计师常常会使用具备吸声功能的材料，比如穿孔石膏板、软质纤维板等。总的来说，考虑到建筑物的不同需求，在进行装饰材料的选择时，应确保它们具有特定的功能属性。

（五）民族文化特性

在进行装饰设计材料挑选的过程中，应当重视采用有优良性能表现的材料和工艺技术，确保民族的传统文化和地方性装饰风格得到恰当的展现。比如，在我国古代常常使用金箔和琉璃制品作为装饰材料，一般情况下，这些装饰材料会被应用于古建筑或纪念性建筑当中；而斗拱、藻井、唐卡等民族和宗教性装饰元素的运用，能体现出我国传统文化的特色。

（六）经济成本

装饰装修材料的选择还要考虑造价问题。普通的装饰装修材料，经过设计师们的精心设计和能工巧匠们的精细施工，同样能产生出乎意料的装饰效果。所以，新颖、美观、适用、无污染、耐久、价格适中的装饰装修材料在今后相当长的一段时间内仍然是建筑装饰材料市场的主导产品。

（七）环保要求

装饰装修材料的选定，尤其要考虑环保要求。2001 年国家出台了《室内装饰装修材料有害物质限量标准》并且从 2002 年 7 月 1 日起已强制实施。

五、室内装饰材料的组织原则

室内环境设计需要对室内空间的各个界面进行有序处理，达到便利、舒适、美观，保护室内空间的承重构架系统的目的，提高保温、隔热、隔声等性能。那么，在进行室内装饰设计的过程中，怎样合理选择各类材质、色彩、纹理表现不同的装饰材料就是极为关键的问题。所以说，为了创作出卓越的作品，设计者需要进一步强化自身关于材料组合在整体环境中施加影响的认识，积极地掌控这些材料，确保它们在室内装饰设计中做到物尽其用，以此来调整和加强室内空间的整体效果。

（一）整体原则

自然界的一切事物都处于一个有机整体中，室内环境的材料组织也是如此。室内装饰设计就是将各种材质有机地组织起来构成一个和谐的整体，整体性原则是室内环境设计时必须遵循的根本原则，它包含两方面含义：一是由材质本身所构成的系统所表现出的整体感觉；二是材质与构成室内环境的其他要素（如空间、光影、色彩等）之间的相互协调。

室内环境材质所表现出的整体感觉会因材料组织方式而产生不同的情感内涵，如粗犷豪放、温馨细腻、自然朴素、生动活泼等。设计时，无论使用多少种材质进行组织，给人的整体感觉都要明确，并与室内使用功能、气氛相一致。一般采用粗糙材质的组合方式，能给人自然、粗犷、刚毅与豪放的感觉，而采用纹理细腻的材料则使人感到整洁、温馨。

（二）对比原则

一个不存在质感变化的空间可能显得单调和无趣，为此，我们通过改变材料的质感，可以促使室内环境向着丰富且有趣味性的方向发展。比如，在大部分休息区的设计中，常常会选择使用实木复合地板，并在其上覆盖小地毯，以便通过软硬之间的强烈对比，为空间营造一种和谐温馨的氛围。在利用不同材质进行对比组合的过程中，色彩与面积的组合应被格外重视。若是室内环境的色彩比较多样化，那么就需要尽力降低其中使用的各种材质的材料的对比表现效果，避免室内空间给人带来混乱之感。通常情况下，如果进行比较的材料之间有着共同的特点，例如光泽度、颜色等方面，这些材料之间就会产生某种程度上的和谐性，最终通过不同材质的组合产生整体感。在不同材质进行对比的设计当中，我们还需要重点关注它们在视觉上所呈现的平衡关系及秩序性和序列性。

（三）平衡原则

在视觉环境设计当中，形式之美应被高度关注，其中最为关键的就是平衡，它是形式美诸多基本原则中的一个，并且这一原则在室内环境材料的组织设计中发挥了十分重要的作用。在各种材质的组合设计当中，若是选择那些存在显著差异的材质，就必须遵循平衡原则，合理地调整不同材质的位置、面积和形态，以确保它们在视觉上始终处于平衡的状态。通常情况下，那些在视觉重量感上存在一定区别的材质，在组合使用时，上部较轻、下部较重可以带来一种稳定的感觉，而上部较重、下部较轻则可能带来不安全的感觉。因此，室内地板颜色普遍要重于墙壁、屋顶的色彩，灰白色地板只有在屋顶颜色为白色时才适合使用。

（四）点睛原则

点睛原则即利用高反光或折光材料来增强材质组合的表现力，起到画龙点睛的作用。一般来讲，在漫射光的作用下，光亮的表面会出现强烈的反光。若光亮表面是曲面或折面，那么光源位置的微小变动都会在其转折处引起一系列光影变化，营造出一种闪烁、变幻莫测或华丽的感觉。高反光材料（如金属、玻璃、水晶制品等）一般只作点缀来使用，加镶边或包柱等，大面积使用容易产生眩光，影响材料的美观和视觉效果。

（五）习惯性原则

在室内空间环境设计中，应充分尊重用户对材料应用的习惯性心理。室内装饰设计中的习惯性原则是人们在长期生活与认知中逐步形成的，具有与自然和传统的亲近性。比如，很多人在进行室内装饰设计的时候，卧室和书房的地面通常会选择木质地板，而客厅的地面常常会选择地砖。除此之外，在进行房间吊顶的板材选择时，若是相关材料分量比较重，那么生活在其中的人就会感觉到不安全。因此，设计者在进行室内装饰设计的材料选择时，常常会选择大多数人认可且较为常用的材料组合，因为这样更能够轻易地获得业主的认同，也能够为其带来更佳的使用体验和更高的安全舒适度。

（六）经济性原则

经济性原则主要体现在精心设计、巧于用材、优材精用、普材新用。一般来说，提高经济性的关键在于巧妙用材，用普通材料来代替昂贵材料并获得相似装饰效果，或以普通材质塑造新颖、独特的视觉形象。通过设计师的高超技巧和先进的技术手段，既可以保证装饰效果在视觉上达到预期，同时还降低了资源消耗和经费投入。

第三节　室内装饰构造的基础知识

一、室内装饰构造的类型

通常情况下，我们会将室内装饰构造分为两个主要类别：一种是利用覆盖材料在室内界面上实现保护和美观的功能表现，这种结构被叫作饰面构造；另一种是通过组合来制作各种产品或设备，这些产品或设备既有实用功能，也能够展示装饰效果，我们将之叫作配件构造或装配式构造。

（一）饰面构造

饰面构造的设计核心在于妥善处理面层与基层之间的连接方式，这在整体装饰构造设计中较为关键。比如，在墙的外部装饰木制的护壁板、在钢筋混凝土楼板之下进行吊顶或是在钢筋混凝土楼板上铺设地板砖，这些都是饰面构造。具体来说，木护壁板与砖墙的连接、吊顶与楼板的连接以及地板砖与楼板的连接，都可以归类为两个面结合的构造。

饰面总是附着于建筑主体结构构件的外表面，饰面构造与位置的关系密切。一方面，由于构件位置不同，外表面的方向不同，使得饰面具有不同的方向性，构造处理措施也就相应不同：顶棚处在楼盖或屋盖的下部，墙的饰面位于墙的内外两侧，因此顶棚和墙面的饰面构造应防止脱落伤人。各饰面部位的构造要求和饰面作用如表 1-3-1 所示。另一方面，由于饰面所处部位不同，虽然选用相同的材料，构造处理也会不同。

表 1-3-1　各饰面部位的构造要求和饰面作用

饰面部位	主要构造要求	饰面作用
顶棚	防止剥落	顶棚对室内声音有反射或吸收的作用，对室内照明起反射作用，对屋顶有保温隔热及隔声的作用，此外，吊顶棚内可隐藏设备管线等
墙面		内墙面对声音有吸收或反射的作用，对光线有反射作用；要求不挂灰、易清洁、有良好的接触感，室内温湿度大时应考虑防潮

饰面部位	主要构造要求	饰面作用
地面	耐磨损	楼地面是直接接触最频繁的面，要求有一定蓄热性能和行走舒适性能，有良好的消声、隔声性能，且耐冲击、耐磨损，不起尘，易清洁。特殊用途地面还要求具有防水、耐酸、耐碱等性能

1. 饰面构造的要求

（1）连接牢靠

如果结构层上的饰面层没有得到适当的构造处理，或者面层和基层材料的膨胀系数差异巨大，以及选择了不合理的黏结材料或出现老化等情况，都有可能直接导致面层出现脱落。饰面的脱落损害了其外观和实用性，也可能对人造成伤害。

在进行饰面构造时，最为关键的就是要求装饰材料必须在结构层上具有强力附着性，以防止其出现开裂和脱落等情况。在大规模的现场施工抹面过程中，常常会因为材料自身的干缩或冷缩而在施工位置产生裂缝；除此之外，若是施工人员只进行手工操作，也有很大可能直接导致施工结果出现颜色不均匀和表面不平滑等问题。基于此，在进行构造处理的过程中，通常需要在其中设置缝隙或添加分隔条，这样不仅可以更加方便地进行施工和后期维护，还能避免饰面由于收缩而导致的开裂和剥落。

（2）厚度与分层合理

在设计和应用过程中，饰面层的厚度与所用材料的使用寿命和坚固性是正相关的，因此在进行相应的设计工作时，应当确保饰面层有适当厚度；然而，随着厚度的逐渐增加，施工技术与构造方法也会变得更为复杂。很多时候人们会将饰面构造划分为多个不同的层次，以便进行层次化的施工或实施其他类型的构造加固手段。例如，在标准较高的抹灰类墙面装饰中，一般抹灰层的总厚度如下：内抹灰平均为 15—20 毫米；室内顶棚抹灰平均为 12—15 毫米。施工时，将总厚度一般按底层、中层和面层三层来进行，以保证抹灰牢固、表面平整，避免出现裂缝、脱落问题，便于操作。

（3）均匀与平整

对于饰面的品质要求，除了确保附着牢固之外，还需要保证其均匀、平滑、颜色统一。从材料选择到施工过程，都必须重视质量，并一丝不苟地按照具体的施工标准来执行，以确保可以达成最佳的装饰效果。

2. 饰面构造的类型

基于建筑装饰材料的加工性能和饰面位置的独特性，我们可以将饰面构造划分为涂刷类、贴面类和钩挂类。

（1）涂刷类（罩面类）饰面

涂料饰面和刷浆饰面是涂刷类饰面的两种主要类型。其中，涂料饰面是指将建筑涂料涂敷于建筑构（配）件表面，并能与基层材料很好地黏结而形成完整的保护膜（又称"涂层"或"涂膜"）。目前，建筑涂料品种繁多，根据自然状态的不同可分为溶剂型涂料、乳液型涂料、水溶性涂料、粉末涂料等几类，在建筑装饰工程中，经常需要根据使用部位、基层材质、使用要求、施工周期、涂料特点等因素来分别选用。刷浆类饰面是用水质涂料涂刷到建筑物抹灰层或基层表面所形成的饰面。

（2）贴面类饰面

分为铺贴、粘贴、嵌钉等构造方法。铺贴，常用的各种贴面材料有瓷砖、面砖及陶瓷锦砖等。为加强黏结力，常在其背面开槽用水泥砂浆粘贴在墙上。地面可用200毫米×200毫米的小砖或600毫米见方的大型石板，用水泥砂浆铺贴。粘贴，饰面材料呈薄片或卷材状，如粘贴于墙面的塑料壁纸、复合壁纸、墙布及绸缎等。嵌钉，自重轻或厚度小、面积大的板材，如木制品、石棉板、金属板、石膏、矿棉及玻璃等，可直接钉固于基层，或借助于压条、嵌条及钉头等固定。

（3）钩挂类饰面

钩挂的方法有系挂（扎结）、钩挂（钩结）（表 1-3-2）。

表 1-3-2　钩挂方法及其特点

方法	构造特点
系挂	用于饰面厚度为 20—30 毫米、面积约 1 平方米的石料或人造石等，可在板材上方两侧钻小孔，用铜丝或镀锌铁丝将板材与结构层上的预埋铁件联系，板与结构间灌砂浆固定
钩挂	饰面材料厚 40—150 毫米，常在结构层包砌。饰面块材上口可留槽口，用与结构固定的铁钩在槽内搭住。用于花岗石、空心砖等饰面

（二）装配式构造（配件构造）

基于材料自身的加工性能表现，装配式构造的部件成型技术可以被划分为以下三个主要类别：

1. 塑造、浇铸

塑造是在常温常压条件下，对处于可塑状态的液态物质进行特定的物理和化学处理，从而制造出满足需求强度的构件。

浇铸技术涉及将生铁、铜和铝等可熔化的金属熔化后进行铸造，然后在工厂中制造出各种装饰和部件，并在现场进行安装工作。

2. 加工、拼装

木材与木制品具有可锯、刨、削和凿等加工性能，还可以通过粘、钉及开榫等方法，拼装成各种配件；一些人造材料如石膏板、珍珠岩板等具有与木材相类似的加工性能和拼装性能。金属薄板具有剪、切、割的加工性能，并具有焊、钉、卷、铆的拼装性能。此外，断桥铝、铝包木门窗等，也属于加工拼装的构件。加工与拼装的构造在装饰工程中应用广泛，常见的拼装构造方法如表1-3-3所示。

表 1-3-3　配件拼装构造方法

类别	名称	图形	备注
钉合	钉	圆钉　销钉　骑马钉　油毡钉　石棉板钉　木螺钉　半圆头　沉头　半沉头　方头	多用于木制品、金属薄板以及石棉制品等
	螺栓	螺栓　调节螺栓　没头螺帽　铆钉	常用于结构及建筑构造，可用来固定，调节距离、松紧。其形式、规格、品种繁多

续表

类别	名称	图形	备注
钉合	膨胀螺栓	 塑料或尼龙膨胀管　　钢制胀管	可用来代替预埋件。构件上先打孔，放入膨胀螺栓，旋紧时膨胀固定
榫接	平对接	 凹凸榫　对搭榫　销榫　鸽尾榫	多用于木制品。但装修材料如塑料、碳化板、石膏板等具有木材般的可凿、可削、可锯、可钉性能，也可适当采用
	转角对接		
其他	焊接	 V缝　单边V缝　塞焊　单边V缝角接	用于金属、塑料等可熔材料的结合
	卷口	 卧式　　　支撑　　　　立式	用于薄钢板、铝皮、铜皮等的结合

3. 搁置、砌筑

水泥制品、陶瓷制品及玻璃制品等，往往通过一些黏结材料，将这些分散的块材相互搁置垒砌，可胶结成完整的砌体。各种块材可组合成不同的图案，还可以组织成镂空的花格，如玻璃空心砖隔断是用玻璃制品胶结而成的一种富有特殊装饰效果的装配式构造。

二、室内装饰构造设计的原则

（一）安全性原则

最为关键的任务就是确保装修构造的稳固，装修过程必须确保不会对建筑自身的主体结构造成损害，并深入思考建筑结构的承重能力，以便更好地开展装修工作。在选择材料时，必须确保其安全性和可靠性，以防止因材料脱落导致人身财产安全受到损害。设计要满足防火安全设计要求，根据防火规范等级做材料的选择与构造设计。

（二）功能性原则

需要明确的是，建筑本身就是为人们所设计的。所以说，我们在进行室内装修的构造设计时，必须尽可能地满足人们对于使用过程中所需要的各项功能的期望。要充分考虑具体地区特点，一座建筑物的室内装修，它所处的地域与装修构造之间有着密切的联系。例如，该地区的气候条件、温度、湿度变化或霉变气候等都对材料构造设计的选择有很大的影响。另外，该地区的建筑特点和风俗习惯，也是选择装饰材料和构造的主要依据。

（三）结构性原则

建筑的主体结构为装修提供了坚实的支撑，它构成了装修构造的主要框架。在构造设计时，注意不要破坏建筑物的主体结构和配件，尤其建筑物的基础、墙体、模板、梁柱、门窗、屋面等承重的六大构件。在室内装修施工中，通常利用防锈油漆、抹灰等维护装修结构的构件，来保护原有建筑物，可以提高建筑自身防火、防潮、防侵蚀能力，还可以保护建筑的构件免受外力的碰撞和磨损。另外，如墙面、踢脚、墙裙、窗台、门窗套等，为防止磕碰损坏、便于清洁而有必要做保护性装修构件处理。装修构造除修补外，一般的使用周期为5—8年。

（四）人性化原则

装修构造设计的主要目的之一就是满足人们各种生理需求。室内装修构造设计不仅可以使室内环境清洁卫生，不易污染，还可以改善室内的声学、光学、热工等物理方面条件，从而给人们的生理适应过程创造良好的环境，如视觉、触觉、人体尺度的构造合理性、功效性、协调性等。对有特殊构造要求的应对其做相应的构造设计措施，例如，影剧院内墙、顶棚通常要做好声学及光学反射等构造设计处理。对综合布线的智能办公建筑要做好管线隐蔽与接线处理。对残疾人群的生理特殊需求，要做好恰当的构造设计等。

（五）美观性原则

在进行装修的构造设计时，需要基于材料选择、质感体验和色彩选择等审美方面的需求来作出明智的决策，由此就能够在很大程度上使空间环境展现出独特的氛围、风格、意境，表达室内空间装修设计的精神需要。要通过对装修构造设计的整体与局部、尺度与细节、质感与肌理、光照与色彩等的把握，将工程技术与艺术美感加以融合，改善室内空间环境。不同性质和功能的装修空间，通过不同构造的处理、完善能形成不同的环境气氛，能给人带来不一样的感受。

（六）工艺性原则

构造设计应便于施工和施工操作，便于各工种之间的配合、协调，以及施工机械化程度的提高。构造设计还应考虑维修和检修方便，例如，吊顶里层如有设备，应考虑布置在装饰面内部的空间，预留检修孔、出入口位置和通道等。

（七）经济性原则

室内装修设计工程预算一般占整个建筑工程总造价的40%，重点装修工程要占50%，甚至更多。我们要按国家规定的公共建筑的性质和用途确定装修标准，选择装修材料和构造设计方案，以此来控制工程预算造价。这对于实现经济上的合理性具有非常重要的意义。室内装修并不是花钱越多越好，用材越贵越好，降低成本不是允许粗制滥造，而是要求在保持一定的经济合理性的前提下，基于精心的构造设计，打造出一个舒适、优美、和谐的室内环境。

三、室内装饰构造设计的思路

装饰构造设计的核心目标是制定出能够为施工过程发挥一定指导作用的装饰施工图，该施工图应该对细部尺寸、所需材料种类、施工方法等方面的要求进行清楚的规定。通常情况下，只有在明确了装饰设计的要求与装饰设计的方案后才能够进行构造设计，其本身属于从整体规划设计到局部细节处理，再到整体构造设计，持续性地基于现实情况进行相应的修改完善的设计过程，以下是基本设计思路。

（一）明确设计基调

对设计基调加以明确就意味着要确立建筑空间环境的整体构造设计风格，确保其协调统一。比如，在进行构造设计的过程中，有的环境需要展现其庄严厚重的氛围，有些环境则需要展示其温馨美好的一面。设计基调本身需要与建筑空间所展现的功能与特性进行匹配，并与建筑所在地的地域特色和谐统一，所以说，在开始设计之前，明确基调环境是一切工作的基础。

（二）选定装饰材料

通过选择装饰材料的具体构造尺寸规格，我们可以进一步明确材料的品质等级和加工方法。经过适当的处理，不同等级的材料也能够展现出类似的效果，比如，为了表现装饰效果图上所展示的清水木纹，可以通过使用不同种类的木材达成这一效果；对某些成本较低的材料进行精工仿造或对某些材料的表面进行改良处理，无论是从外观还是实际应用角度，都可以获得令人满意的效果。不同的方案在成本上有明显的差异。

（1）选择合适的种类和尺寸规格

某些材料的供应尺寸与其结构尺寸相符，可以直接进行拼接；某些材料需要进行切割处理。在选择材料的尺寸规格时，应重点关注整体效果对不同规格尺寸的需求，以便杜绝使用边角料进行拼接的情况出现，最大限度地利用材料资源；需要为设备管线的存在预留足够的空间，以便于其更好地隐藏，也能够更方便地开展后续的维护工作。

（2）深度考量

我们需要考虑材料供应、施工设备、技术实力等多方面的影响。经过全面的思考，设计者需要根据实际情况决定所使用装饰材料的种类、尺寸等特征。

（三）制定细部构造处理方案

对细部构造的处理是否恰当，会直接决定整个空间装饰的效果。我们应该从安全性、美观性、经济性和个性化等多个角度对各个部分的细部构造进行深入的审查和推敲，以预测最终完成后的装饰效果。我们主要关注以下几个方面：

第一，配件连接固定的方法、装饰面层的边缘和边角处理、不同材质和不同界面的衔接构造。

第二，构造上要求的设缝分块的处理方案及设缝分块后对建筑物尺度比例的影响。

第三，用料质地和纹理感受、主要色彩与配件的配色、配件对整体造型影响等。

第四，制定构造设计方案，绘制装饰构造施工图。

装饰构造设计内容繁杂，要求细致、准确、完整，构造设计是一个反复修改、不断完善的过程。当确定各个细部节点的构造方案后，应先绘制构造方案设计草图；然后，从建筑空间的整体角度来审视构造设计方案，进一步考虑是否符合装饰设计的要求，各个节点的设计处理是否协调、合理，并进行必要的局部调整；最后，按照有关规范要求，绘制装饰构造施工图。

第四节　中国室内装饰设计的发展

一、古代的中国室内装饰设计

（一）原始社会时期

人类开始使用各种工具的历史可以追溯到很久以前，主要使用诸如石头、兽骨、贝壳之类的材料来加工制作各种装饰品。在石器时代，随着技术和工具的进步，人们开始建造房屋，发展农牧产业，并在某些地域开始定居。现如今我们发掘出的诸多历史遗迹当中已经可以看到各种精美的石头雕刻、带有图案的陶制品以及简洁的玉石装饰。进入青铜时代后，由于生产效率的显著提升，人们开始更加重视改善个人居住条件。与此同时，因为不同地区的地理特征表现存在差异，人们的住宅建筑从穴居逐步演变为"干阑""碉房"等多种建筑风格。随着时间的推移，大型的氏族家庭开始逐渐形成，社会的构成也变得越来越庞杂，相应地，城市建设也在当时那个时代逐步展开。通过研究部分出土的商周时代文物，我们可以发现，不但有着经久耐用且数量众多的玉器和铜器，还有着丝绸、漆器和陶器。相较于之前，其设计的样式和制作的技巧有了极为显著的进步，东周时代的《考工记》已经详细记载了大量的专业知识和技术。从宏观角度看，原始社会的物品更多的是具有实际功能的物品，其装饰性并不重要。

（二）秦汉两晋时期

据实物发掘和《周礼》等诸多文献记载，先秦的建筑已经有了一定的等级秩序，平面单元布置也有了多种形式。至公元前 221 年，秦国统一六国建立中央集权的统一国家，新的秩序和规范建立起来，后经两汉的修正，得以沿用。秦汉时期已经有了很多功能明确的公共建筑，如明堂、灵台、太学等礼仪建筑。此时建筑的形式、布局、色彩纹样等都被赋予了相应的阶级内涵。从这个时期墓葬的资料中不难发现，壁画和画像砖描绘的题材涵盖甚广，从人物娱乐、教化故事到神话人物、神话故事再到珍禽异兽、植物自然等均有涉及。就室内陈设品来说，春秋战国时期的文物中涵盖了案、几、床、柜等家具，以彩绘和浮雕等作为器物的装饰手法。到了秦汉时期，帛画成为室内软装饰的重要元素，纺织品被运用到室内装饰当中。

在两晋时期，佛教文化开始广泛传播，得益于当时当权者的支持，佛教的建筑得到了飞速的发展。在两晋南北朝时期，社会相对开放，社会地位较高的士族后代对文化和艺术持有极高的评价，这促进了当时绘画和书法艺术的蓬勃发展，孕育出了大量的书法家和画家。手工制作的艺术品种类繁多，但是在当时，金属制品逐步走向衰退，相比之下，精美的上釉瓷器和漆器开始被大众青睐。

（三）隋唐五代时期

隋朝成功地实现了南北方的统一，唐朝被誉为中国历史上最辉煌的时代，这一时期的诗歌、画作等艺术形式异彩纷呈。我们在研究《韩熙载夜宴图》这幅作品的时候，可以观察到，这个时期的室内家具种类非常丰富，如桌、几、案、床榻、屏风等日常用品和装饰摆设的设计已经非常精致。除此之外，在画作中还使用了色彩极为鲜艳的纺织物对室内的空间环境与家居摆设进行装饰，这些装饰物有着丰富的图案和多样化的材质。从建筑设计的角度看，唐朝代表了中国古代社会发展的巅峰，其建筑礼仪体系发展得相当健全。展子虔的作品《游春图》中描绘了一个相对简洁的印式四合院。在唐代，制瓷行业得到了飞速的发展，其生产规模持续扩大，制瓷技术也得到了进一步的提升，产品的样式和色彩也变得极为丰富，使得瓷器成为既实用又具有装饰价值的日常用品。在那个时代，唐朝吸引了众多的外国访客，唐朝的工艺品在材料和设计上都进行了创新，融入了大量的外国元素。

（四）宋元时期

宋代是技术与文化发展的繁荣时期。宋代的画清晰地记录了当时建筑的形制和城市生活。张择端的《清明上河图》中绘制了多种建筑的布局与景观的布置，民居和贵族的宫室都包含其中。建筑在此时有了官方明确的标准和规范，《营造法式》对当时建筑的木作、砖作、瓦作、彩画作都有了详细的规定。宋代的陶瓷生产技术十分先进，形成"五大名窑"，即汝窑、官窑、哥窑、钧窑、定窑。陶瓷已然成为当时人们的日常用品，当时的审美大致分为两类：一类是以文人士大夫为主的，提倡自然与平淡，反对浮华的装饰；另一类则喜爱浓艳的图案与奢华的设计，题材也偏爱通俗易懂的主题。

（五）明清时期

与元代相比，明代的建筑显得更加宏伟和壮观，既注重实用性又注重礼仪表现，对于不同社会阶层的居民居住建筑的限制也更为严格。在元代，社会上有众多的大型家庭，因此住宅的建设规模逐渐扩大，但是仍然保持着四合院的设计风格。园林和郊墅则是在明代逐渐兴起的，它们在人工环境下依然保持着自然的美感。多样的建筑设计和组合为空间带来了丰富的视觉效果，而展示的盆景植物和艺术形式种类繁多，充满了趣味性。明朝时期的陶瓷制品在技术层面实现了创新，其纹饰和器型与元代相比更加和谐统一，华丽的五彩瓷和高雅的青花瓷都赢得了宫廷的青睐。

在明清两代，民居的建筑风格是多种多样的。在建筑的装饰设计中，以寓意吉祥的植物和人物作为核心主题，并采用浮雕或绘画的手法来呈现。尽管建筑中的各个部分都采用了木雕或彩绘作为装饰，但其总体设计仍然保持了以素色为主的简朴风格。在这个时期，室内家具的发展达到巅峰，我们现在把明代到清代初期的家具统称为"明式家具"。明式家具不只具有实用特性，它的设计既优雅又简约，装饰精美、线条流畅、工艺高超，极具艺术特性。在室内空间里，各式各样的装饰品和艺术品层出不穷，其中包括珍贵的古董和文人书桌上的陈设品，其装饰主题的新颖和精致无与伦比。

清代的宫廷建筑等级森严，建筑群庞大，功能全面。受西方文化和技术的影响，宫廷艺术品中不仅有传统的花鸟纹样，欧洲的图案题材也时常出现。精致小巧、结构繁复的石雕、牙雕、玻璃制品、珐琅、玉雕等都是宫廷中常见的装饰物。

二、近代的中国室内装饰设计

（一）1840 年至 19 世纪末：混杂式倾向

中国近现代室内装饰设计风格的形成与发展与整个社会的政治、经济及文化背景密切相关。带有混杂式倾向的室内装饰风格的出现，是近代东西方两种异质文化碰撞的过程中产生的一种中西合璧的现象，它的出现主要有物质技术条件和社会文化心理两方面的原因。

早期出现的西方建筑有很多都是外国使用者在缺少建筑师的情况下根据记忆自己绘制图纸，由中国工匠按照中国传统工艺的做法来进行建造，因此这些建筑也只是在大体形式上能够反映出西方的特色。在进行室内装饰时，这一问题就反映得更加突出。在当时特定的历史条件下，很多外国使用者所需要的建材、家具及饰品等，除通过进口以外，在中国根本无法找到。对于大部分的外国侨民来说，在当地寻找形式近似的替代品成为不得已而为之的一种办法。

从 19 世纪末期开始，中国社会生活的各个方面都发生了很大变化，各种类型的西式建筑开始大量出现。清末民初，中国的许多达官贵人、文人雅士开始认同洋房。像李鸿章在上海修建了西式的花园别墅，康有为在青岛购买了洋人的旧宅等都是当时比较典型的事例。虽然西式风格的建筑开始得到人们的认可，但是出于对传统文化的保留，在很多中国人居住的西式住宅中都不同程度地出现了中式风格的家具、陈设与西式沙发、壁炉共存的景象。在这一类空间中，传统的中式元素更多的是体现在家具及室内的陈设布置上。

（二）20 世纪初至 1949 年：折中倾向

1932 年，上海市建筑协会成立，在协会成立大会的宣言中明确提出了"以西洋物质文明，发扬我国固有文艺之真精神，以创造适应时代要求之建筑形式"[①] 的主张。融合东西建筑学之特长，以发扬吾国建筑物固有之色彩成为当时建筑界人士孜孜以求的理想和目标。在对中国建筑民族形式的研究中，首批从海外留学返回的中国建筑师发挥了至关重要的作用。在这些人留学期间，西方的复古主义和折中主义正盛行，他们接受的教育深受学院派文化的影响，学院派高度重视建筑的历史风格，并希望对这些历史风格进行传承和模仿。正因如此，对于西方的建筑技术和中国的传统建筑风格的认可，使他们在回国后的设计中经常展现出一种折中的趋势，这也有效促进了中国近代建筑和室内设计的中式风格复兴。

1925 年初，革命先行者孙中山先生在北京病逝，他生前曾留下遗嘱，希望他的遗体能够安葬于"虎踞龙盘"的南京紫金山麓。同年 9 月，中山陵开始征集陵墓设计方案并由葬事筹备处在报刊上公布《陵墓悬奖征求图案条例》，吕彦直、范文照、杨锡宗三位中国建筑师分获一、二、三等奖。

在祭堂的设计中，吕彦直在建筑物的下半部分构思了创新的、中西交融的形体，而上半部分则基本保持了传统建筑形制的重檐歇山顶的上檐，二者自然地融合成为一个有机的整体，西方式的建筑体量组合构思与中国式的重檐歇山顶的完美组合，真正地体现了中西文化交融的装饰设计构思。在细部处理上，吕彦直将中国传统建筑的壁柱、雀替、斗拱等结构部件运用钢筋混凝土与石材相结合的手法来制作，屋顶选用了与花岗岩墙体十分协调的宝蓝色琉璃瓦，使得整个建筑格外庄重高雅。祭堂内部庄严肃穆，12 根柱子铺砌了黑色的石材，四周墙面底部有近 3 米高的黑色石材护壁，东西两侧护壁的上方各有四扇窗牖，安装梅花空格的紫铜窗。祭堂的地面为白色大理石，顶部为素雅的方形藻井和斗拱彩绘。

在探索民族建筑形式时，中国的建筑师们采用了现代建筑材料，并结合了西方的体量组合和功能划分，有选择地融入了中国传统的装饰元素，最终形成了有着中国传统风格的设计趋势。基泰工程司的杨廷宝被认为是当时最具代表性的中

---

① 钱海平 . 以《中国建筑》与《建筑月刊》为资料源的中国建筑现代化进程研究 [D]. 杭州：浙江大学，2011：45—65.

国建筑师之一。杨廷宝早年毕业于美国宾夕法尼亚大学建筑系，1927年回国并加入基泰工程司。20世纪30年代初，北京地区一些重要古建筑的维修工程委托基泰工程司主持，杨廷宝亲自带领建筑工匠实地修缮了北京多处著名古建筑。因此，他对中国古典建筑尤其是明清时期的建筑做法深为熟谙。

另外，像梁思成、关颂声、赵深、范文照、陈植、林克明等我国第一代建筑师在对于中国建筑和室内装饰设计民族形式的探索中也都曾作出过许多积极的尝试，留下了很多有影响力的设计作品。

三、现代的中国室内装饰设计

（一）20世纪五六十年代："十大建筑"与室内装饰艺术起步

自1949年中华人民共和国建立之后，我国经济开始复苏，各种需要重建的地方数不胜数。然而，从建筑和建筑设计的角度看，我国最初阶段，仍然采纳并继续使用了受到西方文化影响的现代建筑设计风格，并在一定程度上参考了苏联的建筑风格。尽管其中依旧存在一些被称为民族风格的元素，但主要集中存在于建筑的功能性和经济性上，而在所谓的室内装饰设计上，并没有太多的创新设计。

1958年，中央决定集中在北京兴建包括人民大会堂在内的10个大型公共建筑项目，作为国庆献礼工程，这就是被人们称为"十大建筑"的重点工程。从这"十大建筑"的室内装饰设计开始，中国室内装饰设计艺术终于"起步"。

中央工艺美术学院室内装饰系（1959年后更名为"建筑装饰系"）的师生，在北京城市规划局设计院的领导下，完成了人民大会堂的全部室内装饰设计。其中，主会场（万人大礼堂）是最为重要的核心部分，平面呈扁扇形，有两层挑台，并在天花板的造型处理上形成很强的象征性，体现出极有启示性的创意："天花板中部呈穹窿形象，象征广阔无限的宇宙空间。中心用红色有机玻璃制成的五角红星灯饰象征党的领导。周围用镏金制成光芒，光芒外环辅以镏金向日葵花瓣，外圈再做三层水波纹形暗藏灯，象征全国人民团结在党的周围，依靠党的坚强领导，使革命事业从胜利走向更大的胜利"[1]，较好地实现了周恩来总理提出的用"浑然

---

[1] 杨冬江.中国近现代室内设计史 [M].北京：中国水利水电出版社，2007：71.

一体，水天一色"来表现大会堂主会场的设计意见。同时，"水天一色""万丈光芒满天星"同其他贴合廊柱、彩画、藻井、铜制花饰、门头檐口等空间的装饰、家具与陈设，均很好地体现了地方特色和民族文化的精髓，工业之美淋漓尽致地体现于装饰艺术和手法之中，极具整体感，朴素大方，气势恢宏，显示出泱泱大国的精神气质。人民大会堂的其他空间设计也同样精彩，如可容纳 5000 人同时就餐的宴会厅的室内空间，保留了我国传统装饰艺术的特色，50 多根直径 1 米、高 11 米的巨柱上装饰有沥粉的花纹，"在顶部又采用露明的办法分别以水晶灯、石膏花、吸音穿孔板、沥粉贴金等手段，组成了新式的藻井天花"[①]，整体空间色彩映射出郁金色的色调，间以粉绿、纯白、橙红等色彩，给人以新民族文化的艺术神韵。

由"十大建筑"的工程所引发的室内装饰设计的思考，不久即在各大建筑设计院中被提至一个相当的高度并被重视。1960 年，北京工业建筑设计院成立了"室内设计研究组"，开展对室内设计、家具设计、灯具设计、五金构件设计、卫生陶瓷用品设计的研究，"室内设计研究组"曾集中研究人员 24 人，一些研究中国古代家具和室内艺术设计的专家也参加了研究工作。这个室内设计研究组当时是全国第一家，由曾坚担任组长，其研究与设计满足了当时部分室内设计的要求，也为改革开放之后的室内设计的发展打下了产品设计的基础。其后，无论是高校，还是建筑设计院所，都在国家一系列的重点工程中，积极开展了有关室内装修、装饰的设计，如由曾坚所率领的"设计组"从 1962 年起，先后开始介入蒙古人民共和国（现叫"蒙古国"）迎宾馆、塞拉利昂政府大厦、几内亚人民宫等一些国家援外项目的室内装修、装饰设计；国内其他建筑设计院所与高校中的室内设计专家，也先后完成了广州泮溪酒家、北京饭店东楼和改革开放之后的白天鹅宾馆、花园酒店等一批较大的室内设计工程。

（二）20 世纪 70 年代末："国际机场壁画"与绘画装饰艺术发展

随着改革开放的初步展开，全国范围内的公共建筑开始大规模建设。这不仅满足了改革开放的需求，也展现了"思想解放"的活力。美术家们抓住了这一难得的机会，通过将美术创作与室内装饰相结合，在壁画领域取得了突破进展，从

---

① 杨冬江. 中国近现代室内设计史 [M]. 北京：中国水利水电出版社，2007：20.

而在很大程度上有效促进了当代中国艺术的发展。1979 年 9 月 26 日，首都国际机场候机楼壁画群及其他美术作品举行落成典礼，这是中华人民共和国成立以来我国美术工作者第一次大规模的壁画创作。这批创作的完成，使室内装饰设计开始有了新的气象。

这些壁画主要有张仃的《哪吒闹海》、祝大年的《森林之歌》、袁运甫的《巴山蜀水》、袁运生的《泼水节——生命力的赞歌》、权正环、李化吉的《白蛇传》、肖惠祥的《科学的春天》、李鸿印、何山的《黄河之水天上来》、张国藩的《狮舞》、张仲康的《黛色参天》等 11 幅。这次创作发挥了每个人的艺术特长和艺术风格，通过祖国的山河、历史传说、民间风俗等内容，采用不同材质、不同手法、重视形式和审美情趣、展示艺术个性致使风格多样，体现出新时代的新艺术风貌。

四、当代的中国室内装饰设计

随着改革开放政策的实施，社会经济得到飞速的发展，与此同时，中国的室内装饰设计行业也因中国的建筑和装饰行业而得到了连续和快速的增长。室内装饰设计的进步与国民经济紧密相连，它真实地展现了国民经济在发展过程中的每一个重要时刻。

（一）20 世纪 80 年代：以大型公共建筑为主战场

在 20 世纪 80 年代，大型的公共建筑逐渐发展为室内装饰设计的主要实践场所。

随着思想的开放和需求的增长，室内设计和装修领域获得了更为有利的发展环境。基于这一点，中国的室内装饰设计开始焕发新的活力，并开始了新的发展。

在这个阶段，室内装饰设计主要是围绕诸多大型公共设施进行的。在我国改革开放政策深入推进和社会财富持续增长的背景下，室内装饰设计在多个领域都得到了广泛的应用和发展，从那时起，室内装饰设计就开始基于极为新颖的形式进入诸多领域进行创新、探索与发展。

（二）20 世纪 90 年代：全面开花

20 世纪 90 年代，我国的室内装饰设计行业发展呈现以下几个特点：

第一，公共建筑室内装饰设计的内容更加广泛，中高级宾馆、饭店的装饰进入更新改造期，商业、办公、文化等建筑的室内装饰设计成为新的增长点。随着经济的快速增长，这一时期我国新建了不少办公写字楼、开发区、大型商业设施，提供了不少装饰需求，如深圳发展大厦、天津新客站、京广大厦、国贸中心、北京图书馆等。现代化建筑的室内外的装饰技术、材料与20世纪80年代相比发生了革命性的变化，从民宅楼宇到摩天大厦无不体现了高新技术的运用，功能作用在不断地提高、延伸。建筑装饰的形式表现更由于新材料、新工艺、新技术的运用而得到更加丰富多彩、尽善尽美的效果。1990年亚运会的成功举办也掀起了全国范围的体育热，全民健身运动的开展促使全国各地兴建了一大批体育场馆。体育场馆的装饰、装修成为公共建筑装修的一个重要部分。

第二，家庭室内装饰设计和装饰热的兴起。进入20世纪90年代，我国国民经济有了很大的发展，居民收入明显提高，人们希望自己的家中多几分舒适、温馨和安宁，因此，家庭装饰热悄然兴起。建筑装饰不再是少数公共建筑的专利，而与寻常百姓有了更直接的关系。这既表明人民生活水平有了大幅度提高，也表明建筑装饰设计"以人为中心"的原则有了更加具体的含义。

第三，建筑装饰企业的发展壮大，开始逐步走入国际市场。建筑装饰企业也在不断地壮大，并逐步具备了承包三星级以上的宾馆、饭店的装饰工程的资格。另外，大量装饰公司开始步入国际市场，承包国外的中国饭店、餐馆的装饰工程，将中国的宫苑、楼阁、园艺、灯彩、家具荟萃一堂，以其特有的东方艺术魅力让外国人为之倾倒，如辽宁省装饰工程公司为苏联的"玛瑙雅号"轮船的装饰取得了很好的声誉和效果。

随着改革开放的稳步推进以及交通和信息技术行业的迅速崛起，外国的设计理念、技术和作品已经通过各种途径被引入我国，这为我国的建筑装饰提供了更多的展现方式。家具行业与建筑装饰行业有着紧密的联系，在这一过程中，我们不仅从国外引进了不同形式的设计，还对我国的传统家具进行了更为深入的创新。建筑装饰行业创新发展也在很大程度上有效促进了家电、纺织和机械等相关产品行业的进步。

（三）21世纪：走向可持续发展

伴随着建筑设计思想的逐渐成熟，室内装饰设计思潮和流派也趋向平稳，人们普遍关注的重点从原先的装修、装饰开始走向室内空间的营建。21 世纪室内装饰设计思路总体上可分为五点：

1. 室内与自然

室内装饰设计应从重视可持续发展、防止室内环境污染、内外渗透和延伸三个方面处理好与自然的关系。

2. 室内与科技

技术是把双刃剑，室内装饰设计应从应用新技术、开发新材料，以及开发新的环境污染检测手段等方面发挥科学技术的正面作用。

3. 室内与文化

室内装饰设计本身有着极为丰富的本国、本土文化"血统"和文化内涵。

4. 室内与经济

一方面，设计要重视实用，避免因追求形式、追求豪华造成浪费；另一方面，应提倡低造价、高质量的设计方案。

5. 室内装饰设计对人的关怀

21 世纪的室内装饰设计应更重视对人的关怀，重视室内装饰设计的舒适度、人情味和对老龄人、残疾人及儿童的关怀。

第二章 室内地面装饰材料与构造

本章叙述了室内地面装饰材料与构造，依次是室内地面装饰概述、室内地面常用装饰材料、整体式地面装饰构造、块材式地面装饰构造、木质地面装饰构造、软质制品地面装饰构造。

第一节 室内地面装饰概述

在室内地面装饰工程中，楼地面的表层也就是装饰层，会直接受到各种外部因素的影响。因此，表层质量的好坏将影响到整个建筑地面的外观和功能。一般情况下，地面的命名是基于面层使用的材料，例如水泥砂浆地面、塑料地面等。按照不同的使用需求，面层的标准也会有所区别。在设计时必须充分考虑这些因素，才能满足使用者的需要。例如，表面材料需要具备一定的强度和耐磨特性，表面平滑、具有防水功能，清洁方便，外观要美观且舒适，同时要有良好的弹性，另外确保材料的适用性、经济性，等等。

一、室内地面的功能要求

（一）保护功能要求

通常情况下，楼地面的饰面层没有保护地面的主体结构材料的功能。然而在加气混凝土楼板或简单的楼地面等设计过程中，由于构成地面的主体材料强度并不高，这种情况下我们需要依赖面层，以便将耐磨损、抗撞击和防止水渗透导致的楼板内部钢筋腐蚀等问题顺利解决。这时做楼地面的目的就不仅仅在于创造良好的使用条件，同时也是为了保护楼板、地坪不受损坏。例如，有些楼地面为考虑防止酸性物质侵蚀，在原有楼面或地面上做玻璃钢或玻璃钢树脂砂浆保护层等。

（二）使用功能要求

为了创造良好的生产、生活和工作环境，无论何种建筑物，通常情况下，建筑物的地面需要装修，这样不仅可以提高室内外的清洁度和改善卫生状况，还可以进一步增强建筑的采光、保温、隔热和隔声功能。

1. 隔声

隔声的要求主要涵盖了隔绝空气声以及隔绝撞击声这两个方面。空气声的隔绝，一般是通过选用吸声板来实现的。在建筑物的地面材料密度相对较高的情况下，空气隔离效果显著，并能有效避免由于共振效应导致的低频吻合现象。有效隔绝撞击声，主要有三种方法：第一种是使用浮筑或被称为夹心地面的技术；第二种是脱开面层；第三种是使用具有弹性的地面。其中，前两种做法构造施工都比较复杂，而且效果也都不如弹性地面。近几年，由于弹性地面材料的发展，为解决撞击声隔绝创造了条件，前两种做法也就较少采用了。

2. 保温性能

保温性能的要求不仅要求材料的热传导特性，还涉及人们心理方面的深层次感受。因此，在实际应用中必须综合考察这两种因素，选择既满足使用功能又具有良好保温性能的材料。从材料属性来看，热传导性能相对较高的材料有水磨石地面、大理石地面等，热传导性能相对较低的有木地板、塑料地面等。可见，对于不同类型的地材而言，其导热系数是不相同的。当我们从人的感知层面去思考时，人们可能会用对某种地面材料导热特性的理解来评价整个建筑空间的保温性能。由于地板是以导热为主的结构物，其内部温度分布不均匀性也较大。所以，在考虑地面保温性能需求的时候，应综合考虑材料的导热特性、冷暖气分别负载的比例等多个因素。

3. 弹性

当一个不太大的力作用于一个刚性较大的物体，如混凝土楼板时，根据作用力与反作用力的原理可知，此时楼板将作用于它上面的力全部反作用于施加这个力的物体之上。如果是有一定弹性的物体，如橡胶板，则反作用力要小于原来施加的力。因此，在一些装修标准相对较高的建筑中，室内地面的装饰面层应尽量使用具有一定弹性的材料。弹性地面是指在建筑物内或其周围设置有一定厚度的混凝土垫层和水泥稳定碎石垫层，以及其他各种形式的地基处理措施的一种结构物。通常情况下，民用建筑并不会使用弹性地面，但对于那些要求更高标准的公共建筑来说，弹性地面是更好的选择。

4. 吸声

在高标准和使用人数较多的公共建筑之中，有效地降低内部噪音具有非常积极的功能性价值。通常情况下，那些表面紧凑、光滑且硬度较高的地面处理方式，例如大理石地面，对声波的反射能力相对较强，几乎不具备吸声功能。然而，各种软质的地面处理方法能够起到相当大的吸声效果，例如纺织簇绒地毯平均吸声系数为65%左右，化纤地毯的平均吸声系数为55%。

5. 其他

不同的楼地面使用要求各不相同，对于计算机机房的楼地面，应要求具有防静电的性能；对于有用水作用的房间，楼地面装饰应考虑抗渗漏、排积水等；对于有酸、碱腐蚀的房间，应考虑耐酸碱、防腐蚀等。

（三）装饰功能要求

楼地面的装饰是整个装饰工程的重要组成部分，对整个室内的装饰效果有很大影响。楼地面和顶部装饰能够在整体上实现上下对齐，并且通过对上下界面的精心设计，使其有机组合在一起，为室内营造出一种优雅的空间序列感。楼地面是室内装饰中不可缺少的一部分，它既可以满足人们生活上的需求，又能够给人带来美的享受。楼地面装饰在某种程度上和空间的实用功能之间存在着密切的关联，比如用于指示室内行走路径的标识具有视觉引导的作用。楼地面装饰应以满足使用者需求为目的。楼地面上的图案设计和色彩搭配，会直接影响室内的氛围和整体风格。由于不同建筑类型的房间其结构特点不同，因此在楼地面上可以选择相应的颜色来表达某种特定的情感。另外，在选择楼地面装饰材料的时候，可以考虑材料的质感和触感，从而和周围环境形成统一对比的效果。例如，环境要素中，质感的主基调为精细，楼地面饰面材料如选择较粗的质感则可产生鲜明的效果。所以，在进行装饰设计的过程当中，设计师应该综合考虑色彩环境、空间形态等因素，以确保楼地面的装饰效果与功能要求之间的关系得到妥善处理。

二、室内地面的基本构造

建筑物的地面通常由三个主要部分构成：承受荷载的基层（结构层）、垫层（中间层）以及满足使用需求的面层（装饰层），如图 2-1-1 所示。然而，由于各方面因素，在施工中经常会出现一些问题，从而影响到整个工程的质量。某些楼地面设计是为了满足平整、隔音等多种功能需求，在垫层中间还要增加功能层。由于楼面装饰面层的承托层是架空的楼面结构层，因此楼面饰面要注意防渗、透、漏问题；地面装饰面层的承托层是室内回填土，所以地面饰面要注意防潮问题。

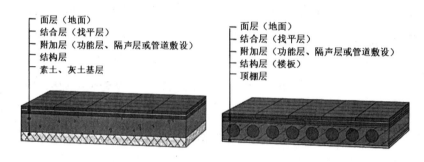

图 2-1-1　首层地面与楼地面的基本构造

（一）基层

基层是楼地面的结构承重部分，其作用是承受其上的全部荷载，并将其传给墙、柱或地基。底层地面的基层一般指夯实的回填土层，回填土多为素土或加入石灰、碎砖、碎石或爆破石碴。对于淤泥、冻土等含量超过 8% 的土壤来说，它们都不适合作为地面的填充材料，否则可能会导致地面不均匀沉陷，从而最终使表层产生裂缝。对楼面而言，基层就是楼板结构本身，一般是现浇或预制钢筋混凝土楼板。鉴于基层需要承受从面层传递过来的各种荷载，这就要求基层必须具有坚固性和稳定性。

（二）垫层

垫层位于基层的上方，它的主要功能是均匀地将上层的各种荷载有效传递给基层，并且还具有一定的隔音与找平功能。在道路工程中，一般把路面下一定深度范围内所采用的一层或数层土基称为垫层。其中，常用于公路桥梁施工中的垫层为柔性垫层，如水泥稳定粒料或粉煤灰、石屑、砂子、砂砾石以及其他散状级配集料等。根据材料的特性，垫层可以被分类为刚性垫层和非刚性垫层两大类，其中前者由于具备整体刚度，因此在受到外力作用后，不会出现塑性变形，例如低强度等级的混凝土等；后者由于缺乏整体刚度，在受到外力作用后可能会出现塑性变形，例如砂粒、碎石等材料。当楼地面的基本构造层不能满足使用要求和构造要求时，可增设填充层、隔声层、保温层、找平层、结合层等其他功能构造层。

（三）面层

楼地面的表面就是面层，被称为装饰层，这一层直接受到外部多种因素的影响。因此，对面层提出了特殊的性能要求。基于不同的使用需求，面层的标准也会有所区别。举例来说，面层材料需要同时具备强度与耐磨特性，表面应平滑，清洁方便，除此之外要有良好的弹性与较低的热导率，以进一步确保材料的适用性、经济性以及本地可获得性等。在这些条件中，面层的质量优劣将直接影响建筑物整体效果及使用寿命。一般来说，地面的命名是基于面层使用的材料，如地砖地面、花岗石地面等。无论选择哪一种材料作为面层材料，除了满足使用功能之外，还是装饰设计的重点。

第二节　室内地面常用装饰材料

一、木地板

木地板经常用于中高级的民用建筑或是有较高清洁和弹性要求的场所，例如住宅的客厅和卧室、幼儿园的活动室、宾馆客房、剧院舞台、工厂计量室及精密仪器车间等。

（一）实木地板

实木地板是一种将自然木材经过锯切和干燥处理后，直接转化为不同几何形状的地板，其独特之处在于其断面设计为单层结构，从而最大限度地保留了木材的自然属性。由于实木具有良好的弹性、韧性以及表面纹理自然美观等优点，因此被广泛应用于室内装饰行业中。近年来，尽管市场上涌现出各种类型的地板，但实木地板凭借其独特且不可取代的卓越性能，在市场中占据重要地位。实木地板是由纯天然的木材制成的，它不需要经过任何粘合过程，而是通过机械设备进行加工制作的。实木地板的独特之处在于它维持了天然木材的特性。由于其采用优质实木为原料制成，具有良好的耐磨、耐腐能力，同时颜色柔和、重量轻，因此被广泛用于高级宾馆、办公室、住宅等。实木地板的常见类型包括平口地板、企口地板等。其规格较多，通常长300—1000毫米、宽90—125毫米、厚18毫米，常用的规格有18毫米×90毫米×450（或600、900）毫米。

实木地板因为没有经过结构的重新组合或与其他材料的复合处理，所以对使用的树种有较高的要求，并且由于树种的不同，档次也会有所不同。在市场上虽然可以看到一些高档实木地板价格很昂贵，但一般都是以中低档材为主，如实木复合板、胶合板等，这类材质具有密度小、强度大、硬度高等优点。通常情况下，用于地板的材料主要是阔叶材，这种材料的档次相对较高；使用针叶材的数量较少，因此其档次相对较低。近几年，因为环境问题，我国开始执行天然林的保护政策，使用进口木材作为实木地板的原材料变得越来越普遍。

（二）多层复合地板

多层复合地板是一种特殊的地板，其表层由珍贵的木材或木材中的高质量部分以及其他具有很强装饰性的材料制成，而中间或底层则是由质地较差的竹或木材构成。多层复合地板作为地板的一种，是通过高温高压的方式制作而成的，有多层结构，此类地板一方面最大化地使用了高品质的材料，同时也进一步增强了产品的装饰性；另一方面其制造工艺也在不同层面上优化了产品的力学性能。目前，我国生产的多层复合地板主要有实木复合和胶合两种。与实木地板相比，多层复合地板的厚度稍微薄一些，常见的尺寸是900毫米×125毫米×15毫米。

多层复合地板的显著特性包括以下几点：第一，有效地使用了珍贵木材以及常规的小尺寸木材，在不对表面装饰效果产生影响的前提下，成功地将制造成本降低，从而赢得了消费者的青睐。第二，结构设计合理，其翘曲和变形都很小，没有出现开裂或收缩的情况，并且具备良好的弹性。第三，板面的规格相对较大，便于安装，并且具有很好的稳定性。多层复合地板的制作过程是这样的：先将木材处理成多个不同的单元，然后进行筛选和重新组合，最终通过压制以及机械加工的方式来完成。所以，其内部组织结构与普通实木地板相比有很大差别。多层复合地板在加工过程中，除了表面材料的缺陷之外，还可能出现如透胶、离缝等外观上的瑕疵。

（三）强化木地板

强化木地板由于采用高密度板为基材，且材料取自速生林，即将2—3年生的木材打碎成木屑后制成板材使用，从这个意义上说，强化木地板是最环保的木地板。同时，由于强化木地板有耐磨层，可以适应较恶劣的环境，如客厅、过道等经常有人走动的地方。强化木地板的缺点是它通常只有8毫米厚，弹性一般不如实木地板和多层复合板好，但价格相对便宜。

强化木地板特点如下：

1. 优良的力学性能

强化木地板的材料具有很高的耐磨性，其表面的耐磨性是普通油漆木地板的10—30倍之多；在力学性能方面，内结合强度、表面胶合强度等性能较好；具备出色的抗静电特性，适合作为机房的地面材料；此外，它还具备出色的抗污染、抗腐蚀等性能。

2. 有较大的规格尺寸且尺寸稳定性好

强化木地板使用了高品质的材料和科学的制造方法，因此在尺寸方面具有很好的稳定性，室内的温度和湿度对地板尺寸的影响也相对较小。由于其结构简单、重量轻、强度高以及良好的保温隔热等特点，因而广泛用于各种建筑上。

3. 安装简便，维护保养简单

强化木地板主要是通过泡沫隔离缓冲层悬浮的方式进行铺设的，这种方法不仅施工简便，效率也相当高。人们在日常生活当中，能够通过清扫、拖擦等多种方式进行维护和保养，非常便捷。

4. 强化木地板的缺陷

强化木地板的脚感或者触感没有实木地板的脚感或者触感好；如果基材与各层之间的胶合不佳，在使用过程中可能会出现脱胶和分层，并且这些是无法修复的；由于含有大量的胶黏剂，释放的游离甲醛有可能对室内环境造成严重的污染，从而影响人体健康。

（四）竹地板

尽管竹地板是由竹材制成的，然而由于竹材也是植物，含有大量的纤维素、木素等多种成分，因此其材料虽然不是木材，但也归在木地板行列中。由于竹地板具有天然的纹理，美观实用且价格低廉，因此被广泛使用。除此之外，还存在一种由竹木制成的复合地板，此类地板无论是表面还是底部均由竹材制成，而中间则是杉木等软质木材，这种地板结构不容易发生变形。

与传统木材相比，竹材具有更高的耐磨性和密度。竹地板是通过一系列的防虫、防腐等加工制成的，其颜色主要可以分为两种，一种是漂白，另一种是碳化。竹地板给人一种天然、清凉的感觉。它与实木地板类似，处理或铺装不好容易变形。竹地板的原料是毛竹，它比木材生长周期要短得多，因此，竹地板也是一种十分环保和经济的地板。近年来，随着科技的发展，人们对竹材的开发程度日益提高，因而推出的竹地板品种繁多，根据构造特点能够将竹地板划分为几个主要类别，具体如下：三层竹片地板、单层竹条地板、竹片竹条复合地板、立竹拼花地板及竹青地板等。

（五）人造板地板

在国外，刨花板、细木工板等合成板材作为地板材料已经变得非常普遍。由于其具有重量轻、强度高、耐磨、耐腐和易加工等优点而被广泛应用于各种建筑物上。现今，在国内，刨花板贴面地板是最常用的地板类型，经常将其用于计算机机房中。

用于人造板地板的常见基材包括以下几种：第一，木质胶合板，它具有良好的结构、尺寸稳定性好等优点，被公认为是优质的地板材料。第二，中密度纤维板的一个显著优势是材质分布十分均匀，且厚度的偏差相对较小；其不足之处在于，在质量不佳的情况下会出现分层现象，吸水的厚度膨胀率相对较高，并且湿强度相对较低。第三，细木工板的主要优势在于其纵向的高强度、良好的尺寸稳定性以及加工的便捷性；其不足之处在于横向的强度偏低，且厚度存在较大的偏差。第四，刨花板具有较为粗糙的内部结构，其对湿气的耐受性较差，吸水的厚度膨胀率也相对较高，在湿度较大的条件下，它容易发生变形与分层，因此通常不被用作与地面直接接触或距离较近的地板材料。第五，集成材，能够很好地保留木材的自然色彩，其装饰风格独特，纵向的强度很高，且变形很小。

人造板地板的显著特性包括：基材经过高温、高压的一系列处理之后，变形和开裂的程度较小；具有很高的强度和大的幅面；结构非常均匀，不会出现实木的节疤或腐烂等问题；色差相对较小。

二、塑料地板

（一）塑料地板砖（块状塑料地板）

塑料地板砖（又称块状塑料地板）具有以下特点：

1. 色泽选择性强

根据室内设施、建筑用途或设计要求，可任意选择地板颜色，也可采用多种颜色，组合成各种图案。

2. 质轻耐磨

与大理石、水磨石等装饰材料相比，塑料地板砖自重轻、耐磨性好。

3. 使用性能好

塑料地板砖表面光洁、平整，步行有弹性感且不打滑，防潮性好，不受稀酸碱腐蚀，遇明火后能自熄，不助燃。

4. 造价低，施工方便

塑料地板砖属于低档产品，造价低于大理石、水磨石和木地板；它施工方便，易于在各类场所使用，无论新旧建筑，将地面平整后涂以专用黏合剂，再将地板砖粘贴于地面，一般不需要养护期即可使用。

（二）塑料卷材地板（地板革）

塑料卷材地板，又称地板革，一般用压延法生产，其成分中填料较少，所含增塑剂比塑料地板砖多。不同国家有各自不同的卷材规格，我国也存在多种不同的规格。塑料卷材地板在施工时，可根据需要采用不同规格，以满足各种使用要求。塑料卷材地板的材质相对较为柔软，并且有弹性，给人一种舒适的脚感，然而其表面对烟蒂的耐烧性却不如塑料地板砖。塑料卷材制成的地板展现出以下几个显著特性：

1. 色泽选择性强

它可仿各种天然材料的图案，如仿柚木镶拼图案，仿软木图案，仿大理石图案，仿粗木图案等。

2. 使用性能好

它具有耐磨、耐污染、耐蚀、可自熄等特点。发泡塑料地板革还具有优良的弹性，脚感舒适，清洗更换也很方便。

3. 价格差异大

从低级的单层再生聚乙烯塑料地板到高级发泡印花塑料卷材地板，塑料卷材地板的价格差异较大，可满足不同层次用户的需求。

在选择塑料地板的时候，我们主要从以下几个关键方面进行考量：外观的品质、脚感的标准、尺寸的稳定性等。这些因素决定了工程塑料地板的优劣，也是评价塑料地板品质好坏的标准之一。因此，在选择工程塑料地板的时候，应综合考虑其使用需求和性能特点。总之，从发展上看，大量用于家庭住宅的塑料地板很可能是彩色印花卷材地板，而块状地板则朝功能性方向发展，如耐磨性、抗静电性、难燃性等。

（三）印花发泡塑料地板

印花发泡塑料地板主要由半硬的塑料制成，并以PVC树脂为主要成分。和传统的塑料地板有所区别，印花发泡塑料地板的表面层有印花装饰，同时间层还添加了含有2%AC发泡剂的PVC糊。在经过压延加热的过程中，会形成PVC泡沫层，这有助于增强地板的弹性、隔音以及隔热性能。印花发泡塑料地板的底层材料包括石棉纸、无纺布等。

为了进一步提升表面印花图案的三维视觉效果，印花发泡塑料地板使用了化学压花技术，也就是将发泡抑制加入特定颜料的印刷油墨中，然后印刷后向可发性PVC糊内渗透。通过这种方法可以把油墨渗透到发泡塑料板内部，并且形成一层具有一定厚度的薄膜层。同时，在发泡的过程中，因为抑制剂的抑制效果，印刷层的一部分会凹陷而不发泡，但发泡后会凸出，这使得图案或花形显得更加立体。另外，发泡塑料地板还具有耐老化性能好、耐气候性良好等优点，因此不仅适用于高要求的民用住宅地面，还可以将其用于公共建筑的室内地面。

（四）覆膜彩印 PVC 地板

为了进一步增强塑料地板的抗滑特性，在其表面的彩印层上涂抹了透明 PVC 层，并进行一系列的精准压花处理，从而创造出了覆膜彩印 PVC 地板。

三、板块料

板块料包括陶瓷地砖、大理石板等多种板材，主要用于地面装饰装修中，也适用于建筑物内各种家具和设备上的表面处理。板块料的优势在于其多样的花色和品种，有丰富的图案选择，具有高强度、持久耐用、易于清洁的特点，同时施工速度快、湿作业量少，所以得到了十分广泛的应用。其缺点是造价偏高、工效偏低，弹性、保温、吸声等性能较差。大理石具有斑驳纹理、色泽鲜艳美丽、晶粒细小、结构致密、抗压强度高、吸水率小、抗风化能力较差、硬度比花岗石低等特点，所以可加工能力强，易于雕琢磨光，一般用于大堂、客厅等楼地面和墙柱面室内装饰。放射性达标的花岗石，经常用于墙地面和台阶等部位的装饰。而人造石材因其特有的性能和环保特性，越来越多地应用于室内装饰。

四、地面涂料

（一）过氯乙烯水泥地面涂料

过氯乙烯水泥地面涂料作为材料的一种，是我国早期将合成树脂应用于建筑室内水泥地面的装饰的材料。"过氯乙烯水泥地面涂料是以过氯乙烯树脂为主要成膜物质，将其溶于挥发性溶剂，再加入颜料、填料、增塑剂和稳定剂等附加成分而成的。"[1] 过氯乙烯水泥涂料可用于各种建筑场所，如地下室、卫生间、厨房、浴室、阳台、走廊等多处墙面的粉刷或涂饰。过氯乙烯水泥地面涂料以其干燥快速、施工简便、良好的耐水性、较高的耐磨性以及强大的抗化学腐蚀性等优点得到广泛运用，特别适用于外墙粉刷或地坪底漆，也可用于内墙抹灰层。然而，由于过氯乙烯水泥地面涂料含有容易挥发和易燃的有机溶剂，因此在制备涂料和进行涂刷施工的过程中，必须采取有效的防火和防毒措施。

---

[1] 赵再琴，李建华，赵红．建筑材料 [M]．北京：北京理工大学出版社，2020．

（二）环氧树脂涂料

环氧树脂涂料是一种双组分常温固化涂料，其中以环氧树脂作为主要成膜物质。它可分为环氧粉末状树脂、环氧乳液型涂料和环氧改性树脂三种类型。环氧树脂涂料在与基层的黏结上展现出卓越的性能，其涂层既坚固又耐磨，同时还具备出色的抗化学腐蚀、抗油、抗水特性，以及卓越的抗老化和耐气候性的能力。环氧树脂涂料还可用于各种建筑物表面处理，如外墙涂饰、地坪涂装、内墙喷涂及金属屋面涂层。环氧树脂涂料的装饰效果非常出色，它是近年来国内研发的一个新品种，不仅可以防止地面的腐蚀，还可以用于高档外墙。

五、其他

（一）地毯

地毯被认为是一种高品质的地面覆盖材料，不仅具有良好的吸声、隔音、弹性和保温性能，还能提供舒适的脚感、鲜艳的色泽，以及施工和更新的便利性，同时给人以温暖、舒适、愉快及华丽高贵的感觉，也使空间显得宁静舒适。地毯被广泛用于宾馆、住宅等各类建筑中，这种材料不仅适用于木制地板，还能够应用于水泥和其他类型的地面。地毯种类繁多，根据不同的分类依据，可分为不同种类。目前，我国生产的地毯主要有棉毛毡地毯、涤纶长丝地毯、化纤丝地毯和人造革地毯四大类。各种类型的地毯都有其独特之处，在选择和使用的时候，应全面考虑耐磨性、回弹性等性能要求。

（二）橡胶地毡

橡胶地毡是一种地面覆盖材料，主要由天然橡胶或合成橡胶制成，并添加了适量的填料加工制成的。它不仅可以用于屋面，而且还可以用来铺设道路、桥梁及房屋等建筑物上的防水卷材，并在施工中起到保护作用。橡胶地毡可以被加工成单层或双层结构，或者按照特定的设计来生产带有各种颜色和图案的物品。橡胶地毡具有较好的物理机械性能。橡胶地毡拥有出色的伸缩性，如果将海绵橡胶作为双层橡胶地毡的底部，其伸缩性会增强，并且行走也会更为舒适。橡胶地毡因其出色的耐磨、保温和吸声特性，非常适合用于展览馆、疗养院等场所。

第三节　整体式地面装饰构造

楼地面是室内空间界面中使用最频繁的部位，因此它的质量影响着整幢建筑物。整体楼地面的构造特点是以凝胶材料、骨料和溶液的混合体现场整体浇注抹平而成，从材料和施工工艺的角度来看，它属于抹灰类构造。

一、水泥砂浆地面构造

水泥砂浆地面是最常用的地面处理方法之一，其优势在于成本低、施工方便、结构坚固耐磨，同时还具有防潮和防水的特性。目前，我国已普遍使用这种方法进行建筑物基础或地下室底板的防渗处理，并取得了较好效果。水泥砂浆地面的缺点为该地面施工若是操作不当，可能产生起灰、脱皮等不良现象，另外，在使用中有冷、硬、响的缺点。

水泥砂浆地面的构造做法：水泥砂浆地面有双层和单层构造之分，一般使用普通的硅酸盐水泥为胶结料，中砂或粗砂为骨料，在现浇混凝土垫层水泥砂浆找平层上施工。单层的做法为15—20毫米厚的1∶2.5的水泥砂浆，抹干后待终凝前用铁板压光。双层的做法是15—20毫米厚的1∶3的水泥砂浆打底、找平，再以5—10毫米厚的1∶1.5或1∶2的水泥砂浆抹面、压光。双层构造虽增加了施工程序，延长了施工工期，但容易保证质量，减少了表面干缩时产生裂纹的可能（图2-3-1）。

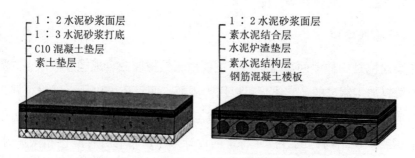

图 2-3-1　水泥砂浆首层地面与楼地面构造

二、细石混凝土地面构造

细石混凝土地面又称豆石混凝土，这主要是由水泥、沙子和石头按照一定的比例混合制成的。与水泥砂浆地面相比，细石混凝土地面具有更高的强度和更低的干缩值，并且无论是防水性还是抗裂性均十分优良，且不易起砂，但其厚度较大，一般为35—50毫米，能够增加结构层上的荷载，通常结合现浇钢筋混凝土地面结构制作。它适用于地基土层较软或抗震要求较高的地面装饰工程，例如工厂车间、建筑物首层等地面。

关于细石混凝土地面的构造方法，具体如下：细石混凝土是由 1∶2∶4 比例的水泥、沙子以及粒径在 5—10 毫米之间的小石子混合制成的 C20 混凝土。水泥的强度等级要求不低于 32.5 的普通水泥或矿渣水泥。细石混凝土可以直接铺在夯实的素土上或 100 毫米厚的灰土上，也可以直接铺在楼板上作为楼面。一般厚度为 30—50 毫米（图 2-3-2）。

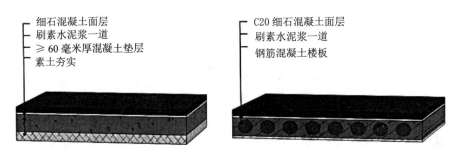

细石混凝土面层
刷素水泥浆一道
≥ 60 毫米厚混凝土垫层
素土夯实

C20 细石混凝土面层
刷素水泥浆一道
钢筋混凝土楼板

图 2-3-2 细石混凝土首层地面与楼地面构造

三、现浇水磨石地面构造

目前，现浇水磨石地面作为地面装饰材料的一种，主要是由水泥作为黏合剂，混合了不同颜色和粒径的大理石等中等硬度的石材，并且经过一系列工序，如搅拌、成形等，最终制成了具有一定装饰效果的地面装饰材料。由于现浇水磨石地面与水泥砂浆地面相比，有很多优越性而被广泛应用于各种建筑中。如图 2-3-3 所示，是现浇水磨石地面构造，其主要优势包括外观雅致、表面平滑、结实耐用等。然而，它也存在一些不足，如施工步骤繁多、容易造成环境污染等。

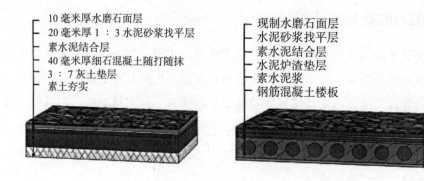

- 10毫米厚水磨石面层
- 20毫米厚1：3水泥砂浆找平层
- 素水泥结合层
- 40毫米厚细石混凝土随打随抹
- 3：7灰土垫层
- 素土夯实

- 现制水磨石面层
- 水泥砂浆找平层
- 素水泥结合层
- 水泥炉渣垫层
- 素水泥浆
- 钢筋混凝土楼板

图 2-3-3 现浇水磨石首层地面与楼地面构造

（一）构造工艺流程

基层找平—设置分格线、嵌固分格条—养护及修复分格条—基层润湿、刷水泥素浆—铺水磨石拌和料—清边排实、滚筒滚压—铁抹拍实抹平—养护—试磨—初磨补粒上浆养护—细磨—补孔上浆养护—磨光—清洗、晾干、擦草酸—清洗晾干打蜡—养护（高级水磨石地面最后一道工序是涂刷树脂类透明胶）。

（二）构造工艺要点

1. 基层找平

首先根据墙面上的 +500 毫米标高线向下测量面层的标高，然后将其弹在四周墙上，以这条线作为基准，留下 10—15 毫米的面层厚度，接着涂抹 1：3 的水泥砂浆来找平层。找平时要注意观察是否有空鼓、裂缝等缺陷。为了确保找平层具有良好的平整性，首先需要涂抹灰饼，其次涂上纵横标筋，最后用 1：3 的水泥砂浆和刮杠将其刮平。需要注意的是，务必确保表面不被压光。

2. 设置分格线、嵌固分格条

在涂抹了水泥砂浆找平层 24 小时之后，根据设计标准，在找平层上进行弹线或划线分格，一般分格的间隔大约为 1 米，并选择合适的分格条。将铜或铝等金属管放入分格中，在处理铜条和铝条的时候，首先需要将其调整为直线，并在每 1.0—1.2 毫米的距离上打四个孔，以方便穿过 22 号铁丝。彩色水磨石的地面使用了玻璃分格条，在进行嵌条操作的过程当中，首先需要涂抹一条宽度为 50 毫米的白色水泥浆带，然后再进行弹线嵌条。在进行嵌条操作的时候，首先使用靠尺板按照分格线使其直立，并与分格对齐。接着，将分格条紧贴尺板，并在分格条的一侧根部使用素水泥涂抹成八字形的灰埂进行固定。完成起尺后，再在另一侧涂抹水泥浆。

水磨石的分格条固定是一个至关重要的步骤，需要特别关注水泥浆的粘合高度，同时还应该重点关注其粘合角度，灰埂的高度应该比格条的顶部低4—6毫米，而角度最好为45°。在分格条纵横交叉的位置，应确保预留足够的空间，这样在铺设水泥石粒浆的过程中，石粒能在交叉的分格条上均匀分布，并在磨光后呈现良好的外观。如果嵌固抹灰埂不当，磨光后将会沿分格条出现一条明显的水泥斑带，俗称"凸斑"，影响装饰效果。分格接头的位置不应有偏移，交叉点应保持平直，并且其侧面不应出现弯曲。在安装前将其固定牢靠，在嵌固完成后的12小时内，应进行2—3天的浇水养护，并在此期间禁止进行其他任何操作。

3. 基层湿润、刷素水泥浆

首先，用清水对找平层进行润湿处理，然后涂上与表层颜色匹配的水泥浆作为结合层，其水灰比在0.4—0.5，也可以在水泥浆中加入胶黏剂。在涂抹水泥浆的过程中，应与铺拌同时进行，即在刷涂的同时也加入铺拌和料，涂抹的面积不应过大，以避免浆层因风干而导致面层出现空鼓现象。

4. 拌和水磨石料并铺设

根据尺寸规格来选择混合好的水磨石料，其中水泥与石料的体积比例范围是1 : 1.5—1 : 2.5。先将水泥与颜料混合均匀后放入袋子中备用，然后在铺设之前，将石粒与彩色水泥粉混合2—3次，接着加入水进行湿拌。为了防止石子离析、增加密实性和提高强度，可掺入一定量的粉煤灰或矿渣等外加剂。确保石粒浆的坍落度维持在60毫米的范围内，并从预备的石粒中选择五分之一的石粒作为撒石。在进行水泥石砂浆的铺设过程中，必须确保其在分格框内被均匀且平滑地铺设，并确保其高度超过分格条1—2毫米。为了防止分格条上出现裂纹，可采用木棒或竹竿等敲击分格条，使之更加紧实，或者使用木质抹子轻柔地压实分格条两侧的石粒浆，以防止分格条受到损坏。接着，在其表面均匀地撒上一层石粒，并用抹子敲打使其变得紧实和平坦，之后根据需要进行不同图案、花纹及色彩的设计和制作。对于同一平面上存在多种颜色的水磨石，建议先选择深色，随后转为浅色；先制作大面，随后进行镶边工作；在第一种色浆完全凝固之后，再涂抹第二种色浆，这样可避免因施工中操作不慎而使第一种或第二种色浆产生沉淀现象，同时避免因串色而产生界限模糊的问题。然而，两种石粒浆之间的间隔时间不应过长，以防止它们的干硬程度有所不同，通常建议每隔一天进行铺设。若是连续使用，则必须先将第一种和第二种石粒浆摊平铺匀。在进行滚压或者抹拍操作的时候，一定不可触碰之前的石粒浆。

5. 试磨、初磨

过早的开磨可能导致石粒松动，而过晚的开磨则可能使磨光变得困难。因此，在进行大规模的开磨操作之前，应先进行试磨以确保表面不会掉落石粒，并使水泥浆面达到基本的平齐状态。若使用小功率电机或带传动磨机时可适当推迟开磨时间。具体的开磨时间，在某种程度上和气温的高低存在密切关联。

初磨阶段使用的是 60—90 号金刚石磨，磨石机采用八字形，边磨边加水，并根据需要使用靠尺进行平整，一直到表面完全磨平和分格条完全露出。随后，用清水冲洗并晾干，再用相同比例的水泥浆进行擦补，以补齐掉落的石粒，填补洞眼的空隙，并进行 2—3 天的浇水养护。

6. 细磨、磨光

使用 90—120 号的金刚石磨进行细磨，确保其表面达到光滑的状态。接下来，用清水彻底冲洗干净，然后第二次擦补水泥浆，并持续养护 2—3 天。磨光机的作用是在不损伤基体和提高耐磨性基础上，使其达到较高的精度，以满足精密磨削及抛光的需要。使用 200 号金刚石或石油进行磨光处理，通过洒水细磨使其表面变得光滑，确保没有砂眼细孔，并且每一颗石粒都能清晰地展现出来。

7. 酸洗、打蜡

酸洗的过程是使用 10% 的草酸溶液进行涂抹，然后用 240—320 号油石进行细磨。酸洗后，再用清水洗净并晾干，以除去附着于油石粉上的污物。在必要的情况下，可以将软布蘸上草酸液，然后卷固在磨石机上进行研磨，以清除水磨石面上的所有污渍，露出水泥和石料本色，再用水冲洗，并用软布擦干。

上述工作完成后，可进行上蜡。该方法是在水磨石面层上涂抹一层薄蜡，待其稍微干燥后，使用磨光机进行研磨。或者，用装有细帆布的木块替代石油，然后在磨石机上进行研磨，以磨出光泽，之后再涂上蜡进行研磨，直到表面变得光滑和明亮。这种方法适用于各种大理石和花岗石表面。需要注意的是，在涂上蜡之后，需要铺设锯末进行后期的养护。

四、涂布地面构造

涂布地面，指室内地面装饰以涂层作为饰面的装饰方法。与其他地面装饰方式相比，虽然涂布地面有有效使用年限较短的缺点，但是该地面装饰工艺施工简便、造价较低、自重轻、维修更新方便，因此，涂布地面在国内外得到了广泛应用。

（一）涂料地面构造

原始的地面涂料，包括地板漆和地面涂料的两类产品。地板漆其配置基料为天然植物油和天然树脂，应用于较早时期的地面涂饰，其价格较高，耐磨性差，与水泥地面结合较差，一般只用于木地板的保护漆。现代的地面涂料是完全采用高分子合成材料的溶剂型产品，其改善了与水泥地面的黏结性能，成本较低，具有一定的抗冲击强度、硬度、耐磨性、抗水性，施工方便，涂膜干燥快。如过氯乙烯地面涂料、苯乙烯地面涂料。因此，对于住宅、实验室、车间、仓库等是一种较为适宜的地面涂料。

涂料地面的构造做法如下：过氯乙烯涂料地面要求在平整、光滑、充分干燥的基层上，涂刷一道过氯乙烯地面涂料底漆，隔天再用过氯乙烯涂料罩面漆，首先对基层的不平整孔洞和凸凹部分进行平整和清洁，接着满刮石膏腻子，待其干燥后，使用砂纸进行打磨，使其变得平滑后，将其彻底清扫干净，然后涂刷过氯乙烯地面涂料 2—3 遍，养护一星期，最后打蜡而成。苯乙烯地面涂料与过氯乙烯地面涂料的涂刷相同，因含苯类溶剂，施工中要注重通风，并采取一定的防护措施。

（二）涂布无缝地面构造

涂布无缝地面是一种由合成树脂与填料、颜料等混合搅拌制成的材料，经过现场涂布和硬化处理后，最终形成一个完整的无缝地面。涂布无缝地面特点是无缝，易于清洁，具有良好的物理力学性能。

目前使用的涂布无缝地面，根据其凝胶材料可分为两类：第一类是单纯以合成树脂为凝胶材料的溶剂型合成树脂涂布地面，或称为涂布塑料地面，目前国内采用的主要有环氧树脂、不饱和聚酯、聚氨酯等品种；第二类是以水溶性树脂或乳液与水泥复合组成凝胶材料的聚合物水泥涂布地面，其黏结性、耐磨性和抗冲击性等要比纯水泥涂层更好，目前国内采用较多的有聚醋酸乙烯乳液水泥涂布地面、聚乙烯醇缩甲醛胶水泥涂布地面等。

1. 环氧树脂、不饱和聚酯、聚氨酯涂布地面

环氧树脂、不饱和聚酯、聚氨酯涂布地面的构造做法包括以下方面：

（1）基层处理

涂布无缝地面要求基层平整、光洁、充分干燥。该类型的涂布地面对基层的平整度要求高，如果地面不平或坡度较大，会因流淌而导致厚度不均，涂层较薄会出现漏砂或漏底等现象，而涂层较厚的地方可能会因收缩过大而产生裂纹。

（2）基层封闭

依据面层的涂布材料，对腻子进行合理配制，确保基层的孔洞和不规则的凹凸部分都被填平，接着在基层上多次刮腻子，待其完全干燥后，使用砂纸进行打磨，使其变得平滑后，对其进行彻底清洁。

（3）面层加工与厚度控制

根据所选的涂饰材料和实际使用需求，在面层上涂多次面漆，确保每一层之间的时间间隔以前一层漆完全干燥为标准，并且据此进行适当的处理。基层应按设计图纸施工，表面光滑平整无明显缺陷。面层的厚度需要保持一致，不应过厚也不应太薄，大约应控制在 1.5 毫米的范围内。

（4）后期修饰处理

按照实际需求，可以进行磨光、打蜡、养护等一系列的修饰处理。

2. 聚乙烯醇缩甲醛胶水泥涂布地面

聚乙烯醇缩甲醛胶水泥涂布地面，是以树脂或其乳液和水泥共同作为凝胶材料的一种复合型涂布地面。它的特点是涂层与水泥基层结合牢固，能在尚未干透的地面基层上施工，可采用涂刮法涂布。其特点是造价低廉、施工方便、美观耐磨、适用范围广，适用于住宅、一般实验室等室内空间。聚乙烯醇缩甲醛胶水泥涂布地面的做法，大致可分为两类：第一类是以水溶性聚乙烯醇缩甲醛胶为基料，加入普通水泥和颜料组成一种厚质涂料，以刮涂的方式涂布于水泥地面，结硬后形成涂层，该涂层可进行进一步的艺术处理，例如涂刷色浆、描绘图案、刻划缝格。第二类是以水溶性聚乙烯醇缩甲醛胶、填充料和颜料所构成的厚质涂料（俗称 777 涂料）与水泥和颜料配制成胶泥，刮

于水泥地面上，再按照装饰效果的要求，利用各种套模作出所需的图案，然后涂刷罩面涂料而成的一种涂布地面。这种地面的施工方法是先均匀涂刷结合层，然后以上述胶泥做腻子刮铺地面三遍，第一、二遍胶泥的作用是盖底和找平，第三遍胶泥的主要作用是装饰，应保证其细腻干净，厚度为 1 毫米左右。之后可进行弹线分格，装饰图案或涂刷色浆。在图案做完后可用色泽相同的 777 涂料或耐磨漆罩面，然后打蜡上光交付使用。

第四节　块材式地面装饰构造

块材式地面是指以陶瓷地砖、大理石、花岗岩、预制水磨石板等块材用粘贴或镶嵌的方式形成的地面装饰层。其特点是花色品种多样、强度高、刚性大、易清洁，且施工速度快，湿作业量少，因此应用十分广泛。但此类地面有弹性、保温、消音较差的缺点，适用于人流量大、耐磨损、保持清洁要求高的空间。

一、陶瓷地砖地面构造

陶瓷地砖是以优质陶土为原料，加入其他配料，加压煅烧至 1100℃左右成型的材料，可分为普通陶瓷地砖、全瓷地砖、玻化地砖三大类。它的特点是品种多、结构紧密、抗腐耐磨、吸水性小、容易施工、易于清洁保养、装饰效果良好。

（一）材料

首先，选择地砖时，必须满足相关的标准和要求，一定不能选择有裂痕、翘曲等缺陷的块材。

其次，尽可能使用强度等级为 32.5 或更高的普通硅酸盐水泥、矿渣硅酸盐水泥或者白水泥等。

最后，在选择找平层水泥砂浆的时候应该用粗砂，而在进行嵌缝的时候，则更适合使用中砂和细砂。

（二）构造图

陶瓷地砖地面的构造如图 2-4-1 所示。

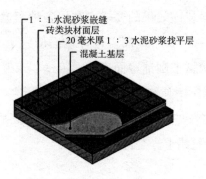

1：1水泥砂浆嵌缝
砖类块材面层
20毫米厚1：3水泥砂浆找平层
混凝土基层

图 2-4-1 陶瓷地砖地面的构造图

（三）构造工艺流程与要点

基层处理—做灰饼、冲筋—做找平（坡）层—做防水层—板块浸水阴干—弹线—铺板块—压平拔缝—嵌缝—养护。

第一，基层处理。确保表面的砂浆、油渍和垃圾被彻底清除，并用清水冲刷，最后晾干。如果混凝土的楼面是光滑的，那么应该进行凿毛或者拉毛处理。

第二，标筋。按照墙壁的水平参考线，弹出地面的标高线。在房间的四个角落制作灰饼的时候，灰饼的表面高度与所使用的铺设材料的厚度的总和必须满足地面的高度标准。根据灰饼标筋的规定，在具有地漏和排水孔的陶瓷地砖地面构造位置，应使用 50—55 毫米厚的 1：2：4 的细石混凝土从门口处向地漏寻找泛水，并建议双向放坡 0.5%—1%，但在最低的地方，厚度不应少于 30 毫米。

第三，铺设结合层砂浆。在开始铺设砂浆之前，基层需要充分浇水并保持湿润，然后涂上一层素水泥浆，接着按照 1：3（体积比）的比例混合干硬性水泥砂浆，并且随刷随铺。用水泥净浆作黏结材料时，要求其表面平整、无孔洞及裂缝等缺陷，并与混凝土有一定的黏结力和抗渗性能。砂浆的黏稠度应该维持在35 毫米或更低水平。按照标筋的高度，使用木质的拍子进行压实，先用短的刮杠将其刮平，然后再用长的刮杠进行一次全面的通刮。检查墙面的水平度，不得有倾斜、歪斜等现象，检查的平整度误差不应超过 4 毫米。在拉线测定的标高和泛水情况满足标准后，使用木质抹子将其搓制成毛面。面层砂浆必须均匀平整、无气泡及孔洞。踢脚线的底部应该涂抹上水泥砂浆。当有防水需求时，可以在平层砂浆或水泥混凝土中加入防水剂，或者按照设计规格添加防水卷材。

第四，弹线。在具有一定强度的找平层上，使用墨斗线进行弹线处理。如有需要，可用钢钉或其他金属钉将墨斗线固定于板块表面上，然后再用钉子钉入板缝中即可。在考虑弹线的时候，应重视板块之间的空隙。

第五，铺板块。在进行铺贴操作的过程当中，先用方尺找好规矩，拉紧控制线，然后从门口开始，沿着进深的方向依序进行铺贴，最后再向两侧进行铺贴。铺贴完后，要检查找平层是否平整光滑，如不均匀，应及时调整位置或进行校正。在铺设过程中，首先将 1 ∶ 2 的水泥砂浆平铺在板块的背面，然后将其粘贴到地面，接着使用橡皮锤进行敲打和压实，以确保板块的标高和板缝都达到预定的标准。如果存在板缝的误差，可以采用切割工具进行拔缝，对于较高的部分使用橡皮锤将其敲平，而较低的部分则应使用水泥砂浆来垫高并找平瓷砖。对于面积小的房间，瓷砖的铺设方式通常采用 T 字形的标准高度面。瓷砖与地面交接处，必须保证平整度一致，以确保整体美观。在处理大面积的房间的时候，一般会在房间的中心位置采用十字形来确定标准的高度面，这样可以方便多人同时进行施工。房间内和室外的地砖种类有所不同，它们的交接线应该设置在门扇下方的中央位置，并且门口不应放置非整块砖，而是应该将这些非整块砖放置在房间内不显眼的地方。

第六，压平拔缝。在铺设完一段或 8—10 块之后，可以稍微用喷壶洒水，然后在大约 15 分钟的时间里，使用橡皮锤按照铺砖块的顺序，依次敲打一遍，确保不遗漏任何部分，并在压实的同时，使用水平尺对铺砖进行找平。在压实之后，拉通线首先形成竖向的缝隙，然后通过横缝挑拨缝隙，以确保缝口保持平直和贯通的状态。从开始铺设砂浆到最后的压平拔缝，整个过程应在 5—6 小时完成。

第七，嵌缝养护。当水泥砂浆的结合层达到终凝状态后，可以使用白水泥或常规水泥浆进行擦缝，待其变得紧实后，再撒上锯末进行养护，4—5 天之后人才可以在上面行走。

二、陶瓷锦砖地面构造

陶瓷锦砖地面俗称马赛克，它是由多种色彩的小块砖镶拼组成各种花色图案的陶瓷制品，故称"锦砖"。陶瓷锦砖具有坚固耐用、质地细密光滑、强度高、耐磨耐水、耐酸耐碱、抗冻防滑、易清洁、色泽明亮、图案美观的特点。因此，陶瓷锦在室内空间中应用广泛。陶瓷锦砖材料一般铺贴在整体性和刚性较好的细石混凝土或预制板的基层上，陶瓷锦砖出厂前已按照各种图案反贴在牛皮纸上，以便于施工。这类地面材料属于刚性块材，在构造和工艺上要注意平整度和线形规则，粘贴牢靠。为此，构造上要求有找平层、粘贴层和面层。陶瓷锦砖地面构造如图 2-4-2 所示。

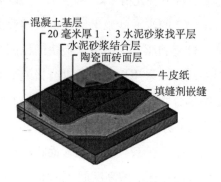

图 2-4-2　陶瓷锦砖地面构造图

找平层主要是解决结构层表面的平整度，是面层与结构层的过渡层，以1：3—1：4 的水泥砂浆在结构层上做 10—20 毫米厚的找平层。粘贴层的一种施工方式是在湿润的找平层上撒素水泥粉，提高找平层的黏结力；另一种施工方式是待找平层有一定硬度后，根据地砖的情况，常用 1：1 的水泥砂浆、素水泥浆、聚合物水泥材质作粘结层后，铺贴面层。陶瓷锦砖整张铺贴后，应随即用拍板靠在已贴好的陶瓷锦砖表面，用小锤敲击拍打，均匀地由边到中间满敲一遍，将陶瓷锦砖拍实拍平，使其粘贴牢固、表面平整，然后用水将牛皮纸润湿、揭除，最后用素水泥嵌缝、清洗干净。

三、石材类地面构造

（一）材料

1.石材

所需的材料必须根据规定的种类、规格和颜色来准备。石材运输时，应避免碰撞或摩擦而造成损伤。不应该选择那些存在翘曲、歪斜等缺陷的石材。同时，完好的石材板块需要进行套方检查，如果规格尺寸存在偏差，则应进行磨边修正处理。当使用草绳或其他容易褪色的材料来包装花岗岩石板的时候，在拆包之前必须确保其不受潮。一旦材料进入施工场地，它们应该被放置在施工地点附近，并在下面的垫木和板块之间使用比较柔软的材料进行垫塞。

2. 黏结材料

水泥的强度级别至少应为 32.5，并且施工前将混合料搅拌均匀后再摊铺到基层上，并振捣密实。在选择结合层的砂时，应该用中砂和粗砂，在灌缝的时候选择中砂和细砂，确保砂中的泥土含量不会超过 3%。混凝土外加剂和水用量均按国家规定执行。在颜色选择上，采用矿物颜料，确保一次性准备齐全。同一建筑的地面工程应当使用来自同一制造商或同一批次的产品，并且不能混合使用。

（二）构造图

石材类地面构造如图 2-4-3 所示。

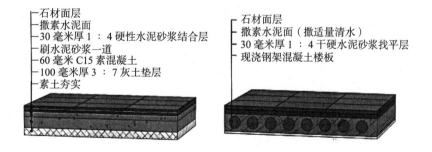

图 2-4-3 石材类地面与楼地面构造图

（三）构造工艺流程与要点

基层清洗—弹线—试拼、试铺—板块浸水—扫浆—铺水泥砂浆结合层—铺板—灌缝、擦缝。

1. 基层清洗

板块地面在铺贴前应先挂线检查基层平整情况，偏差较大处应事先凿平和修补，如为光滑的混凝土楼地面，应凿毛。基层应清洁，不能有油污、落地灰，尤其需要避免白灰和砂浆灰的存在，同时也不可以有渣土。在彻底清洁之后，应在涂抹底子灰之前洒水使其湿润。

2. 弹线

按照设计标准，确定好平面的标高位置，并弹在四周墙壁上。接着，在四周的墙壁上找到中心线，并在地面上形成十字，然后根据板块的大小和预设的缝隙进行样品分块。一般情况下，大理石板的地面缝隙宽度为 1 毫米，预制水磨石的地面缝隙宽度为 2 毫米。和走廊相通的门口，应该和走廊的地面拉通线，板块的布局应十字形对称，如果室内地面和走廊地面的颜色不一样，那么分界线应该设置在门口或门窗之间。在十字线的交叉点上，两块标准块被对角放置，并且采用水平尺与角尺进行校准。在铺板过程中，根据标准以及分块的具体位置，每一行都要依序挂线，这样的挂线起到了面层标筋的功能。

3. 试拼与试铺

在开始正式的铺设工作之前，需要对每个房间内的大理石板块进行图案、颜色和纹理的试拼操作，并且每个房间都要按照图纸上所规定的尺寸和要求分别进行试拼。试拼完成后，按照两个不同的方向进行编号，并将编号整齐地排列，这样可以确保所铺设的楼地面颜色既美观又统一。在房间内的两个相互垂直的方向上，铺设两条干砂带，其中宽度略大于板块板宽、厚度不小于 30 毫米。根据试拼石板的编号和施工图，将石材板块排列整齐，对板块之间的缝隙进行仔细检查，并且认真核对板块与墙、柱等部位的相对位置。

4. 板块浸水

在铺设大理石、花岗岩等板块之前，必须先将其浸泡在水中以保持湿润，然后在阴凉处晾干，并清除板背上的浮水，之后才能投入使用。在铺设板材的时候，板块底部应尽可能保持内潮外干。

5. 铺设水泥砂浆结合层

铺设水泥砂浆结合层的时候应该尽可能地选择干硬性水泥砂浆。水泥混凝土面层必须平整光滑，不得有裂缝和孔洞等缺陷。为了充分确保干硬性水泥砂浆与基层或找平层之间的良好粘结效果，在开始铺设之前，建议在基层或找平层上涂抹一层水泥浆，这样可以确保上下两层之间的黏结更为稳固。在铺设结合层的过程中，砂浆应从内部开始涂抹，随后使用木质刮尺进行刮平和压实。

6. 铺板材

在进行板块铺贴的过程中，需要确保板块的四个角落保持同步并平稳下落。

当将板块对准纵横缝的时候，可以使用橡皮锤，用较轻的力度去敲打以确保其稳固，并使用水平尺去找平。在敲击板块的过程当中，要特别注意避免击碎边缘或已经完成铺贴的板块，以防止出现空鼓的情况。通常情况下，铺贴的顺序是从房间的中心部位开始，然后逐渐向四个方向进行。

7. 灌缝、擦缝

在铺设板材两天之后，只有在确认板块没有出现断裂或空鼓的情况后，才能开始进行灌缝操作。根据板块的颜色，可以使用浆壶将调整好的稀水泥素浆，或者 1：1 稀水泥砂浆灌入缝内 2/3 高，同时对板块表面溢出的浆液进行及时清除，然后用和板面颜色相同的水泥浆灌缝或者擦缝。当缝隙中的水泥色浆开始凝固时，应确保面板被彻底清洁，并在清洁后的石材楼地面上铺满锯末进行保护。在 24 小时后进行喷水养护，并在接下来的 3 天内禁止人员在铺砖上面移动或在表面进行其他操作。

8. 贴踢脚板

预制的水磨石、大理石等板块的踢脚板的高度范围是 100—200 毫米，其厚度范围在 25—20 毫米，在施工的时候可以选择使用粘贴法或灌浆法。在进行踢脚板的施工之前，务必仔细清洁墙壁，并在前一天浇水确保足够湿润。安装时，将踢脚板按设计尺寸进行定位后，根据需要做成各种形状。在阳角位置，用无齿锯将踢脚板的一端切割成 45° 角。在墙内找正位置后，根据实际需要选择合适尺寸，然后将其固定于墙体上。踢脚板需要用水清洗干净，然后放在阴凉处晾干以备后用。在进行镶贴操作的时候，应从阳角开始，向两侧进行试贴，仔细检查其是否平直、有无缺边等，只有全部合格之后才能进行实贴操作。无论选择哪种安装方法，首先都要在墙的两侧分别安装一块踢脚板，确保出墙的厚度保持一致，接着在这两块踢脚板上沿着拉通线逐一按顺序进行安装。

四、碎拼石材类地面构造

碎拼石材地面是采用经过挑选过的不规则碎块石材，自由地、无规则地拼接起来，其效果是石材结合自然、特点鲜明、装饰性强。碎拼石材地面将不规则碎块石材铺贴在水泥砂浆结合层上，并在面层石材的缝隙中，铺抹水泥砂浆或石渣浆，经磨平、磨光、上蜡后成为地面面层。

（一）构造图

碎拼石材类地面构造如图 2-4-4 所示。

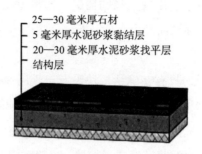

25—30 毫米厚石材
5 毫米厚水泥砂浆黏结层
20—30 毫米厚水泥砂浆找平层
结构层

图 2-4-4　碎拼石材类地面构造图

（二）构造工艺流程与要点

第一，基层清理，洒水湿润基层。

第二，抹找平层。对于碎拼石材的地面，建议在其基层涂抹 30 毫米厚的水泥砂浆找平层，并使用木质抹子进行搓平处理。

第三，铺贴。首先，在找平层上涂抹一层素水泥浆，然后使用 1∶2 比例的水泥砂浆来镶嵌碎大理石标筋，保持 1.5 米的间距。接着，进行大理石块碎块铺平的操作，同时用橡皮锤敲打，以确保其表面平整和牢固。需要注意的是，应该确保石块之间有足够的空隙，并将挤出的砂浆从这些空隙中移除，确保缝隙的底部是方形的。

第四，灌缝。首先要确保缝隙中的积水和杂物被彻底清除，然后涂抹一层素水泥浆。接着将彩色水泥石碴嵌入其中，确保嵌入的部分高出大理石的表面 2 毫米。之后，在其表面撒上一层石碴，并使用木抹子将其压平并压实。第二天进行养护的时候，也可以选择使用同色的水泥砂浆来填补缝隙，从而将其做成平缝。

第五，磨光。面层需要经过四次的打磨处理。在研磨过程中，第一次至第四次分别使用 80—100 号金刚石、100—160 号金刚石、240—280 号金刚石以及 750 号或更细的金刚石。

第五节　木质地面装饰构造

木楼地面一般是指楼的表面由木板铺钉或硬质木块胶合而成的地面。木地板是一种传统的地面材料，其特点是弹性好、纹理自然、感觉舒适，是一种高级的地面装饰材料。

一、实铺式木地面构造

实铺式木地面，是指在楼面的混凝土层上以实铺木格栅架空面层的构造方式。这是木楼地面中比较正规的做法，也是目前应用最多的做法。

（一）构造图

实铺式木地面构造如图 2-5-1 所示。

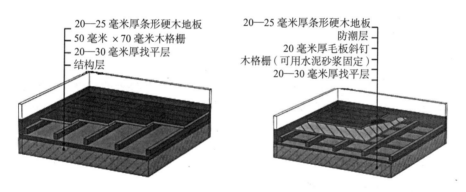

图 2-5-1　实铺式单层与双层木地面构造图

（二）构造工艺流程与要点

1. 基层处理

实铺式木地面的底层可先进行素土夯实，在它上面打 100 毫米厚 3 ∶ 7 灰土，也就是 40 毫米厚的 C10 细石混凝土，需要边打边涂抹。接下来，可以铺设防潮层或水乳化沥青一布二涂防潮层，在防潮层上打 50 毫米厚 C15 混凝土垫层，随打随抹，并在混凝土内预埋铁丝、钢筋或专用铁件。

2. 木格栅

木格栅的作用主要是固定和承托面层，其中距一般为 400 毫米。木格栅可以与楼板或混凝土垫层内的预埋铁件或防腐木砖连接，也可以通过现场钻孔打入木楔来实现连接。在搁栅之间还要加设 50 毫米 × 50 毫米断面横撑，中距 1200—1500 毫米。木格栅间如需填干炉渣时，应加以夯实拍平。

3. 毛地板的铺钉

双层木板的毛地板表面需要被刨平，并且其宽度不应超过 120 毫米。在开始铺设之前，必须清理木格栅内部的刨花和其他杂物。在铺设的过程当中，毛地板应和木格栅形成 30° 或者 45° 的角度，并确保其髓心指向上方，使用钉子斜向固定，同时板间的缝隙不应超过 3 毫米。在毛地板和墙壁之间应确保存在 10—15 毫米的缝隙，并且接头位置需要错开。毛板要平整光滑，无皱褶和裂缝，不得有裂纹、孔洞及霉变现象。每一块毛地板都应该在每个木格栅上钉上两枚钉子来固定，而这些钉子的长度应该是毛地板厚度尺寸的 2.5 倍。

4. 弹线、铺设面层

在毛地板铺钉之后，可以再铺上一层沥青纸或油毡，这样可以起到隔音与防潮的作用。一般情况下，在地板块铺钉的过程中，是先从房间内较长的墙边开始的，沿着第一行的板槽口与墙相对，然后从左到右，通过两个板端口的企口进行连接，一直到第一排最后一块板，并且将长出的一部分截掉。接缝应当位于搁栅的中间位置，且应间隔错开。板与板之间的连接应当是紧密的，只有在某些特定区域允许存在缝隙，并且这些缝隙的宽度不应超过 1 毫米。在板面层和墙之间，应预留 10—15 毫米的缝隙，并使用木质的踢脚板进行封盖处理。在铺钉的过程中，需要拉通线进行检查，以确保地板始终保持直线状态。

5. 钉木地板

在进行铺钉操作时，首先拼缝铺钉标准条，然后铺上几个方块或几档作为具体标准，接着再按照一定的顺序向四周进行拼缝和铺钉。每块板都要在一块标准条上标好每一条线和每个线槽位置。在中间部分钉好之后，根据设计的标准进行镶边处理。拼缝线要平直整齐，不得出现断丝、破洞等缺陷。拼花木板的表面板块之间的缝隙，其大小不应超过 0.3 毫米。

6.刨平、磨光

原木的地板表面需要经过刨削和磨平处理。在使用电刨刨削地板的过程中，应将滚刨方向与木纹成 45° 角进行斜刨，推刨的速度不应过快、过慢或停滞，以防止板面破损。要使地板平整光滑，在进行电锯和木梳加工前，必须对木板作全面处理。在处理边角部分时，应使用手工刨削技术，并确保其方向与木纹一致，以防止破坏木纹。在刨削过程中，应分多个层次进行多次刨平，并确保刨削的厚度不超过 1.5 毫米。在进行刨平处理后，应使用地板磨光机进行两次打磨，并在磨光过程中按照木纹的方向进行，第一次和第二次分别使用粗砂和细砂。

二、粘贴式木地面构造

粘贴式木地面就是用胶直接粘在地面上，要求地面特别干净、平整、干燥。

（一）构造图

粘贴式木地面构造如图 2-5-2 所示。

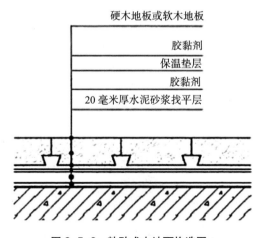

图 2-5-2　粘贴式木地面构造图

（二）构造工艺流程与要点

基层处理—弹线定位—涂胶、粘贴地板—养护。

1.基层处理

对于基层表面的平整性，使用 2 米直尺进行检查时，允许的偏移量是 2 毫米。

为保障粘贴质量，基层表面可事先涂刷一层薄而均匀的底子胶。底子胶可按同类胶加入其质量为10%的汽油（65号）和10%醋酸乙酯（或乙酸乙酯）并搅拌均匀进行配制。

2.涂胶、粘贴地板

采用沥青胶结料粘贴铺设木地板的建筑楼地面水泥类基层，其表面应平整、洁净、干燥。首先涂抹一层冷底子油，接着涂上沥青胶结料并贴上木质地板。沥青胶在基底上的涂抹厚度应为2毫米，并且地板块的背面也应均与涂上一层较薄的沥青胶结料。

采用胶黏剂铺贴的木地板，其板块厚度不应小于10毫米。粘贴木地板的胶黏剂，选用时要根据基层情况、地板的材料、楼地面面层的使用要求确定。基层表面及板块背面的涂胶厚度均应≤1毫米；涂胶后应静停10—15分钟，待胶层不粘手时再进行铺贴，并应铺贴准确，粘贴密实。

三、架空式木地面构造

架空式木地面主要适用于由于使用的要求面层距基地距离较大，或用于地面标高与设计标高相差较大，或是舞台、比赛场合等对标高落差有特殊要求的空间。

（一）构造图

架空式木地面构造如图2-5-3所示。

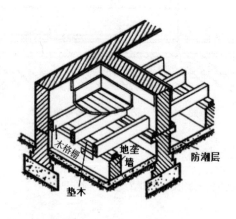

图2-5-3 架空式木地板构造图

（二）构造工艺要点

1. 处理基层

为了防止土中潮气上升，应在地基面层上夯填 100 毫米厚的灰土，灰土的上皮应高于室外地面。

2. 砌地垄墙或砖墩

在地面平整之后，建议使用 M2.5 的水泥砂浆来构建地垄墙或砖墩，而地垄墙之间的距离不应超过 2 米。为了防潮，其顶部应当涂上两层沥青胶或者铺设油毡。地垄两侧及顶部要用木条固定牢固，防止因雨水冲刷而松动或倒塌。在进行大面积木地板铺装工程的通风结构设计时，应严格按照设计规范来进行。每一条地垄墙和暖气沟墙都应预留尺寸在 120 毫米 ×120 毫米至 180 毫米 ×180 毫米之间的通风洞口。同时，在建筑的外墙上，每隔 3—5 米就应设置不小于 180 毫米 ×180 毫米的洞口和相应的通风窗设施。

3. 干铺油毡、铺垫木、找平

垫木的厚度通常是 50 毫米，首先需要按照设计标准对垫木和其他材料进行有效的防腐处理。再根据实际情况，把各部件加工成一定形状，并按照图纸尺寸和规范进行装配。根据 +500 毫米的水平线，设计的地面标高线在四周的墙壁上弹出。垫木与地垄墙的连接通常采用 8 号铅丝绑扎的方法对垫木进行固定。垫木与砌体接触面干铺一层油毡。

4. 弹线、装木格栅

木格栅的主要功能是为面层提供固定、支撑与承托。木格栅的断面尺寸应按照垄墙的间距来确定，同时确保木格栅的表面是平直的，并在安装过程中始终注意从纵向和横向两个方向进行平整。木格栅离墙应留出不小于 30 毫米的缝隙，以便隔潮通风。木格栅的上皮不平时，应用合适厚度的垫木（不准用木楔）找平，或刨平，也可以对底部稍加砍削找平，但砍削深度不应超过 10 毫米，砍削处应另做防腐处理。木格栅在使用前均应做防腐处理。

5. 钉设剪刀撑

当木格栅的架空跨度过大的时候，应该根据设计规定合理增加剪刀撑。为确保木格栅和剪刀撑在钉结过程中不会移动，需要在木格栅上暂时钉上一些木拉条，以防止它们之间相互拉结。用两根长度为 70 毫米的圆钉和木格栅，将剪刀撑的两端牢固地钉住。木格栅装上后要进行检查验收并及时修理。当使用木格栅后，要及时拆除所有剪刀撑和木拉条，并重新用同规格的木拉条作交叉联结点。如果选择普通的横撑而不是剪刀撑，那么钉的安装也应遵循这种方法。

6. 钉铺木地板

单层架空木地板的结构设计为：在事先固定好的梯形截面的小搁栅上，钉 20 毫米厚的硬木企口板，并且该板的宽度为 70 毫米。

双层架空木地板的构造是：双层木地面的地层为没有抛光的毛板，常用松木或杉木制作。板厚 18—22 毫米，拼接时可用平缝或高低缝，缝隙不超过 3 毫米。面板与毛板的铺设方向应相互错开 45° 或 90° 安装。制作面板时，通常会选择如柞木、核桃木等质地上乘、不容易腐烂和开裂的硬木材，并且可以采用多种拼花的方式。

7. 固定踢脚板

提前刨光踢脚板，其内侧设计凹槽，并每隔 1 米钻设 6 毫米的通风孔。墙体每 750 毫米设置防腐结木砖，同时在木砖上钉上防腐木块，以确保踢脚板的稳固。

四、复合木地板地面构造

复合木地板以其统一的规格和施工安装的便捷性等优点被人们广泛使用，除此之外复合木地板还具有弹性好、富于脚感、美观自然等优点，同时具有良好的阻燃性和防腐、防蛀、耐压、耐擦洗的性能，因此，复合木地板已经广泛应用于室内地面装饰。此外，它也是具有发展前景的地面装饰材料。

（一）构造图

复合木地板地面构造如图 2-5-4 所示。

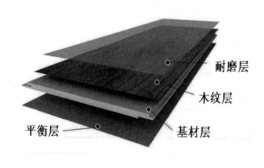

图 2-5-4　复合木地板构造与复合木地板地面构造图

（二）构造工艺流程与要点

第一，基层处理。基层要平整光滑，表面无凹凸及裂缝等缺陷。复合地板由于使用了浮铺式的施工方法，其基层整度标准非常严格。基层的清洁和干燥是必要的，因此可以涂抹一层掺有防水剂的水泥浆以防潮。

第二，弹线、找平。按照 +50 厘米的水平线，设计一个在四周墙壁上弹出的地面标高线。

第三，预排复合木地板。一般情况下，在铺设地板块的时候，是从房间的一侧较长的墙开始，或者长缝顺入射光线方向沿墙铺放。垫层与板面层的铺设应当保持垂直关系。在进行地板布置之前，需要进行精确的测量以及尺寸计算，以进一步明确地板应布置的块数，并尽量避免出现过窄的地板条。如果是长条地板块的端头接缝，则需要在行与行之间相互错开。地板和墙（柱）的接触点不应紧密相连，而是应该预留 8—15 毫米的缝隙。在地板铺设过程中，这个缝隙应使用木楔暂时调直并塞紧，暂时不使用胶水。在拼铺三行的时候，需要进行修整和平直度的检查，唯有达到标准才可以按照相应的顺序将板块放好。

第四，铺贴。按照产品的实际使用需求，并且按照预定的板块排列顺序，在地板边缘的槽（沟）榫（舌）区域涂上胶水，然后按照顺序进行对接，并使用木槌进行敲击以确保其紧固，最后将其平铺在地面上。

第五，安装踢脚板。在选择复合木地板时，可以考虑使用仿木塑料踢脚板、常规木踢脚板等。在安装过程中，需要根据踢脚板的高度来弹出水平线，并清除地板与墙壁之间的缝隙杂质。在复合木地板上安装踢脚板的过程如下：首先在墙面上钻孔并钉入木楔或塑料膨胀头；然后在踢脚板的卡块（条）上钻孔，与此同时用木螺丝按照弹线的位置固定；最后，将踢脚板固定在卡块（条）上，并尽可能将接头设置在拐角处位置。

第六节 软质制品地面装饰构造

软质制品地面是指以质地较软的地面覆盖材料所形成的楼地面。以制品形状分类，可分为块材和卷材。常见的软质制品地面有塑料地板、橡胶地毡以及地毯等。

一、塑料地板地面构造

塑料地板地面是指聚氯乙烯或其他树脂塑料地板为饰面材料铺贴的地面。塑料地板具有美观、耐磨、脚感舒适、易于清洗等优点。此外，塑料地板易于铺贴，相对造价较低，因此广泛用于住宅、旅店客房、办公场所、机房等室内空间。

（一）构造图

塑料地板地面构造如图 2-6-1 所示。

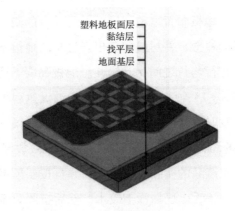

图 2-6-1　塑料地板地面构造图

（二）构造工艺流程与要点

硬质、半硬质塑料地板施工工艺流程：处理基层—弹线、分格、定位—试铺—刮胶铺贴地板—铺贴踢脚板—清洁养护。

软质塑料地板施工工艺流程：处理基层—弹线—试铺—刮胶铺贴—接缝焊接—铺贴踢脚板。

1. 处理基层

水泥建筑的地面基层表面应当是平滑、坚固且干燥的，不应有油脂或其他的杂质存在。基层施工前必须进行抹灰处理，并按设计要求抹好石灰或水泥砂浆底层。如果基层出现如麻面起砂和裂缝这样的缺陷，可以采用石膏乳液腻子进行一到两次的嵌补，每一次的刮削厚度都不应超过 0.8 毫米；每遍腻子干燥之后，需要使用 0 号铁砂布进行打磨处理，接着再进行第二次腻子的批刮，待表面平整后用稀释后的乳胶液刷一次，最后再刷一道水泥胶浆。基层处理腻子的选择，可采用与具体地材产品配套的基层处理材料，与塑料地材及其黏结剂性质相容的商品腻子，或是现场自配的石膏乳液腻子和滑石粉乳液腻子。

2. 弹线、分格、定位

对于塑料制成的板块或经过切割后用于方格拼接的地面，在经过基层处理之后，应根据设计标准进行弹线、分格和定位操作。从房间的中心位置开始，弹出两条相互垂直的定位线。将装饰条用胶水粘贴于各定位线上。定位线包括十字形、对角线形和 T 形，然后根据板块的尺寸，每隔 2—3 块弹出一条分格线，以控制贴块的位置和接缝的顺直，并在地面周围距离墙面 200—300 毫米的地方作为镶边。对于其他种类的拼花和图案设计，也应当通过弹线或画线的方式进行定位，以准确地确定其在分色拼接和造型变化方面的位置。

3. 试铺

在进行塑料地板的试铺之前，需要对软质塑料地板块进行预热处理。将其置于 75℃ 的热水中浸泡 10—20 分钟，待其表面完全变得柔软并展开后，取出并晾干，这一过程被称为软板预热，不应使用炉火或电热炉进行预热。对于半硬的块状聚氯乙烯地板，应首先使用棉丝蘸取丙酮和汽油的混合溶液（丙酮：汽油=1：8）进行脱脂和除蜡处理，这被称为硬板脱脂。然后，根据设计的图案要求和地面的线条尺寸，选择合适颜色的塑料地板块，或者对卷材进行局部切割，最后进行试拼预铺，一旦合格，就会按照顺序编号，为正式的铺装施工做好准备。

4. 涂刮底胶

在进行塑料地板的粘贴施工时，首先需要在已清洁的基层表面均匀地涂抹一层薄而均匀的板胶，这样可以增加基层与面层之间的粘结力。待其完全干燥后，就可以开始铺设工作了。

5. 涂刮胶粘层

应当使用锯齿状的刮板来涂抹胶粘层，而刮胶的方法主要分为直接刮胶和八字形刮胶两大类。在进行基层表面和塑料地板背面的胶黏剂涂抹，以及地板的准确铺设时，应根据塑料地板的使用标准和胶黏剂的种类，选择合适的涂抹方式。在使用乳胶液胶黏剂进行塑料地板的铺设时，必须确保塑料板的背面和底层都被均匀地涂上胶黏剂，由于基层材料吸水性强，因此涂刮时，一般应先涂刮塑料板块的背面，后涂刮基层表面，涂刮越薄越好，无须晾干，随铺随刮。

胶黏剂涂贴的板背面积应大于80%；在基层上涂胶时，涂胶部位尺寸应超出分格线10毫米，涂胶厚度应≤1毫米，一次涂刷面积不宜过大。

6. 铺贴地板

使用半硬质塑料地板进行铺设时，可以从十字或对角线的中心开始，并按照顺序进行，而T形地板则可以从一端开始铺设到另一端。按弹线位置沿轴线由中央向四周铺贴，排缝可控制在0.3—0.5毫米，每粘一块随即用棉纱（可蘸少量松节油或汽油）将挤出的余胶擦净。铺贴时，按预先弹好的线，四人各提卷材一边，先放好一端，再顺线逐段铺贴。若离线偏位，立即掀起调整正位放平。放平后用手滚筒从中间向两边赶平，并排尽气泡。卷材边缝搭接不少于20毫米，沿定位线用钢板直尺压线并用裁刀裁割。一次割透两层搭接部分，撕上下层边条，并将接缝处掀起部分铺平压实、粘牢。在进行铺贴操作时，有三个关键点需要注意：第一点，塑料板必须牢固地粘贴，不能有脱胶造成的空鼓现象；第二点，缝合的格子应该是直的，以防止出现错缝；第三点，表面必须是平滑和干净的，不能有任何的凹凸、污染或损坏。

7. 铺贴踢脚板

踢脚板的铺设需要与地面保持一致。踢脚板是木地板最常见的一种形式，它与地面直接接触，因此应选择光滑而又不易变形的材料。在踢脚线的上方粘贴挂线，确保上口平直；下口光滑，不露锋。在铺设过程中，先从阴角和阳角开始，然后是大面，以确保粘贴的牢固性；贴好后要及时检查是否有裂缝和脱落现象。确保踢脚板的对缝和地板缝之间达到和谐统一。如果踢脚板是卷材制成的，应该将塑料条固定在墙内的预留木砖上，接着使用焊枪对塑料条进行喷烧处理。

8. 清洁养护

铺设完成后，应使用清洁剂对地板进行彻底清洁，并确保在接下来的 3 天内不让人行走，同时要避免有溶剂洒在地上，以防出现化学反应。

二、橡胶地毡地面构造

橡胶地毡是一种地面覆盖材料，主要由天然橡胶或合成橡胶制成，并加入适当的填料进行加工。它可用于建筑物内外及各种场地和构筑物表面，也可用来铺设地板和做垫层。橡胶地毡地面因其出色的弹性、耐磨性、保温和消声特性，以及光而不滑的表面，特别适合用于展览馆、幼儿园、疗养院和医院等公共设施。橡胶地毡的表面可做成光滑或带肋，厚度为 4—6 毫米。其可制成双层或单层，色彩和花纹较为丰富。

关于橡胶地毡地面的构造方法：

在橡胶地毡地面的施工过程中，首先要对基层进行适当的处理。基层必须用水泥做结合剂。水泥砂浆找平层必须是平滑、有光泽的，不能有灰尘、沙粒或其他凸起物，并且其含水量必须低于 10%。在施工设计阶段，应依据预定的设计图案和材料进行预先筛选，接着进行精确的线条定位。大型房间应从中心向四个方向展开，而小型房间则应从房间的内侧向外侧进行铺设。施工准备完成后即进行涂布黏结剂，涂布要求厚度均匀。涂布黏结剂后停放 3—5 分钟，使胶淌平，当部分溶剂挥发后再进行粘贴，粘贴后碾压平整，排除气泡。

三、地毯地面构造

地毯因其具有吸音、隔热、防滑的特性以及具有良好的弹性、舒适的脚感且施工便捷而受到人们的喜爱，同时地毯也能展现出华丽、高雅和温暖的氛围。在高端装修中，各种颜色的地毯得到了广泛的应用。

地毯的铺设通常有两种方式：固定式和活动式。活动式地毯构造方法较为简单，接下来将重点探讨固定式地毯构造方法。

固定式地毯地面构造工艺流程为：基层处理—弹线定位—裁割地毯—固定踢脚板—固定倒刺钉板条—铺设垫层—拼接固定地毯—收口、清理。

固定式地毯地面构造工艺要点如下：

（一）基层处理

地毯的面层是由方块构成的，卷材地毯一般是在水泥或基层上铺设的。这些水泥或基层的表面必须是坚固、平滑、光滑和干燥的。此外，基层的表面水平偏差应小于 4 毫米，含水量不应超过 8%，并且不应有空鼓或宽度超过 1 毫米的裂痕；铺好后要检查平整度、粗糙度、厚度及尺寸是否符合要求。如果出现油污或蜡质等问题，应使用丙酮或松节油进行清洁，并利用砂轮机进行打磨以去除钉头和其他凸起部分。

（二）弹线定位

在进行弹线和分格操作时，必须严格遵循图纸上的规定对各个部分进行处理。如果图纸上没有明确的指示，那么应该对称地寻找中轴线，以方便后续的定位和铺设工作。

（三）裁割地毯

精确测量房间地面尺寸、铺设地毯的细部尺寸，确定铺设方向。化纤地毯的裁剪备料长度应该比实际尺寸长 20—50 毫米，宽度应根据裁剪地毯边缘后的尺寸来计算。在裁剪过程中，根据预定的尺寸，在地毯的背面进行弹线，然后手推剪刀，接着将其卷起并编号后运送到相应的房间。如果是圈绒地毯，在裁剪时应从环卷毛绒的中部进行裁剪；如果是平绒地毯，必须确保切口位置的绒毛排列整齐。

（四）固定踢脚板

在铺设地毯的房间中，踢脚板通常是由木材制成的，或者是带有装饰层的成品踢脚板，踢脚板可以按照设计要求进行固定。踢脚板距离建筑物的地面大约为 8 毫米，这样设计是为了方便地毯在这个位置进行掩边和封口，同时在使用其他材料的踢脚板时，也会按照这个位置进行安装。

（五）固定倒刺钉板条

在地毯铺设工程中，主要采用了成卷地毯和垫层设计，其中将倒刺板用于地毯的固定是最常见的方法。倒刺板（也称为卡条）被用水泥钢钉（或塑料胀管和螺钉）固定在踢脚板的边缘，每个倒刺板之间的距离大约是 400 毫米，并且需要离开踢脚板 8—10 毫米，这样更便于敲击。

（六）铺设垫层

对于那些添加了垫层的地毯，垫层的下料应符合倒刺板之间的净距离要求，以防止垫层过长或无法完全覆盖。裁剪完成后，将其适当地铺设在底垫之上，并确保垫层的接缝与地毯的接缝之间有 150 毫米的错缝。

（七）铺设地毯

①地毯拼缝。在进行拼缝操作之前，需要准确判断地毯的编织方向，并在背面用箭头标注经线的方向。对于纯毛地毯首先在地毯的背面用直针间隔几针进行暂时固定，随后再用大针将其缝满。在背面进行缝合和拼接之后，会在接缝位置涂抹一层宽度在 50—60 毫米之间的胶黏剂，并贴上玻璃纤维网带或牛皮纸。对于化纤地毯则通常采用黏合方法，也就是在麻布衬底上刮胶水，然后将地毯的对缝部分黏合至平整。

②接缝后用剪刀将接口处不齐的绒毛修剪整齐。

③地毯的张紧与固定。首先，需要用撑子将地毯的一条长边撑平，然后将其固定在倒刺板条上。接着，用扁铲将其毛边掩入踢脚板下的缝隙中。这样，就可以使用地毯张紧器（撑子）来拉伸地毯了。这个过程可以由多人使用均匀的力度从不同的方向同时进行拉平张紧。如果地毯在小范围内出现不平整的情况，可以使用小撑子配合膝盖来将其撑平。为了保证地毯有足够的弹性，可将两边分别用线扎牢，确保其余的三个边都牢固而稳妥地挂在周边倒刺板朝天钉钩上并压实。当地毯张紧时，可以剪去多余的部分，然后用扁铲将地毯边缘塞入踢脚板和倒刺板之间。

（八）地毯收口、清理

在门口与其他地面的分界位置，应根据设计标准使用铝合金 L 形倒刺收口条或不带刺的铝合金压条等来进行地毯的收口处理。在弹出线后，使用水泥钢钉或塑料胀管与螺钉来固定铝压条，然后将地毯的边缘塞入铝合金压条口，并轻轻敲打以压实。

固定后检查完毕，用吸尘器将地毯全部清理一遍。

第三章　室内墙面装饰材料与构造

本章介绍了室内墙面装饰材料与构造，分别是室内墙面装饰概述、室内墙面常用装饰材料、涂抹类墙面装饰构造、贴面类墙面装饰构造、罩面板类墙面装饰构造、幕墙墙面装饰构造。

第一节　室内墙面装饰概述

一、室内墙面装饰的作用

（一）美化与改善环境

通过设计，可以将墙体上装饰面层的色彩、造型、材质、尺寸等元素巧妙地结合在一起，改变原有建筑的环境，从视觉、触觉和感觉上，使人感觉到美。成功的墙面饰面，不仅能给人艺术方面的享受，还能够在意识和情感等方面给予强烈的冲击，使人的精神得到升华。

（二）满足使用功能要求

通过对建筑物室内墙面的装饰、装修，可以改善室内的卫生条件，并增强室内的采光性、保温性、隔热性和隔声性。在墙面上设置的一些设备，如散热器、电器开关及插座、洁具等，可以改变建筑的原有面貌，更加美观和易于使用；合理的墙面布局可使室内空间显得更宽敞；通过装饰层上的合理设计，能够提高墙体的保温、隔热能力，需要吸声的房间，则可通过饰面吸声来控制噪声。

（三）保护建筑

建筑物内的构配件若直接暴露在大气中，可能会变得疏松、炭化；钢铁制品会因为氧化而锈蚀；构配件可能因为温度变化引起的热胀冷缩而导致节点被拉裂，影响牢固与安全。而对界面进行饰面装饰、装修处理后，建筑构配件被掩盖起来，能够增强其对外界不利因素的抵抗能力，避免直接受到外力的磨损、碰撞和破坏，进而提高其使用寿命。

二、室内墙面装饰的构造层次

（一）基层

作用：支撑面层。

要求：坚实、平整、牢固。

结构：可以使用原建筑构件，也可以因装修、装饰需要重新制作。基层分为实体基层和骨架基层两种类型。

（二）面层

作用：覆盖结构层并具有美观作用。

要求：美观、无瑕疵。

结构：根据使用材料的不同，具有不同的做法。

三、室内墙面装饰的分类

（一）按照材料分类

墙体饰面按照材料分类，包括涂料饰面、石材饰面、木质饰面、金属饰面、玻璃饰面、布艺饰面等类型。

（二）按照构造技术分类

墙体饰面按照构造技术分类，可分为涂抹类、贴面类、罩面板类、幕墙类及其他类几种类型。每一类构造虽然涵盖多种饰面材料，但在构造技术上，特别是基层处理上却有很大相似之处。

第二节　室内墙面常用装饰材料

一、木饰面板

装饰内墙面的木饰面板，一般有薄木装饰板和木质人造板两种。薄木装饰板主要由原木加工而成，经选材干燥处理后用于装饰工程中，如胶合板和细木工板。

（一）薄木装饰板

1.胶合板

胶合板的主要特点是：板材幅面大，易于加工；板材的纵向和横向抗拉强度和抗剪强度均匀，适应性强；板面平整，吸湿变形小，避免了木材开裂、翘曲等缺陷；板材厚度可按需要加工，木材利用率较高。

胶合板的层数应为奇数，可以分为三夹板、五夹板、七夹板和九夹板，最常用的是三夹板和五夹板。厚度为2.7毫米、3.0毫米，3.5毫米、4.0毫米，5.0毫米、5.5毫米，6.0毫米等，自6毫米起按1毫米递增，厚度小于4毫米的为薄胶合板。板面常用规格为1220毫米×2440毫米。

胶合板在室内装饰中可用作顶棚面、墙面、墙裙面、造型面，也可用作家具的侧板、门板，以及用厚夹板制成板式家具。胶合板面上可油漆成各种颜色的漆面，可裱贴各种墙布、墙纸，可粘贴塑料装饰板或喷刷涂料。一等品胶合板可用作较高级建筑装饰、中高级家具、各种电器外壳等制品。

2.纤维板

纤维板是由植物纤维作为主要成分，经过破碎、浸泡、研磨，然后加入适量的胶料，通过热压成型等工艺制作而成的一种人造板材。纤维板可以根据其体积密度被分类为硬质纤维板、中密度纤维板以及软质纤维板；根据其表面特性，可以将其分类为一面光板和两面光板两大类；根据使用的原材料，可以将其分类为木材纤维板和非木材纤维板两大类。

3.细木工板

细木工板属于特种胶合板的一种，芯板用木材拼接而成，两面胶粘一层或两层单板。细木工板具有轻质、防虫、不腐等优点，其表面平整光滑、表里如一，隔音性能好、幅面大、不易变形。它适用于中高档次的家具制作、室内装饰、隔断等。板面常用规格为 1220 毫米 × 2440 毫米。

（二）木质人造板

木质人造板是利用木材、木质纤维、木质碎料或其他植物纤维为原料，加胶黏剂和其他添加剂制成的板材。

1. 木工板

木工板为现在室内装饰和家具制作的主要用材，由上下两层夹板和中间小块木条连接而成。板面常用规格为 1220 毫米 × 2440 毫米。

2. 竹胶合板

竹胶合板是用竹材加工余料层压而成的，其硬度为普通木材的 100 倍，抗拉强度是木材的 1.5—2 倍，它具有防水防潮、防腐防碱等特点。板面常用规格为 1800 毫米 × 960 毫米，1950 毫米 × 950 毫米，2000 毫米 × 1000 毫米。

3. 刨花板（碎料板）

刨花板也称碎料板，它是将木材加工剩余物、小径木、木屑等，经切碎、筛选后拌入胶料、硬化剂、防水剂等热压而成的一种人造板材。刨花板中木屑、木块等结合疏松，不宜用钉子钉，一般用木螺丝和小螺栓固定。

4. 木丝板（万利板）

木丝板也叫万利板，它是把木材的下脚料用机械刨成木丝，经过化学溶液的浸透，然后拌和水泥，入模成型，再加压、热蒸、凝固、干燥而成。其主要优点是防火性高、本身不燃烧，质量小、韧性强、施工简单，不易变质，隔热、隔音、吸声效果好，表面可任意粉刷、喷漆和调配颜色，装饰效果好。其底板常用规格是：长度为 1800—3600 毫米，宽度为 600—1200 毫米，厚度为 4 毫米、6 毫米、8 毫米、10 毫米、12 毫米、16 毫米、20 毫米等。

5. 蜂巢板

蜂巢板的内芯板是基于蜂巢芯板，并通过两块较薄的面板（例如夹板）紧密地黏合在一起形成的。由于其具有良好的保温性能和吸声特性，故在建筑领域中得到了广泛应用。蜂巢板具有出色的抗压力、低热导率、良好的抗震性能、不易变形、轻质，并且具有隔音效果，经过表面防火处理后，可以作为防火隔热板使用。其具有防水防潮、不易风化和开裂、使用寿命长等优点，在我国已有多年使用历史，并逐渐被推广到其他工程上。它主要作为基层的装饰、用于活动的隔音板、卫生间的隔断、天花板以及组合家具等深入人们的生活中。在进行蜂巢板的施工过程中，应格外关注收边处理和表面材料的选择。

二、装饰薄木

装饰薄木指的是木材在经过特定的加工之后，再通过精细的刨切或旋切工艺，其厚度通常不超过 0.8 毫米的表面装饰木材。装饰薄木有多种规格，其独特之处在于拥有自然或模仿自然的纹理，风格既自然又大气，并且可以轻松地进行裁剪和拼接。装饰薄木具有出色的黏合能力，能够在大部分的材料上进行粘贴装饰，因此它是家具、墙面等多种装饰材料中效果最佳的选择。装饰薄木有几个不同的分类方式：根据其厚度的不同，它们可以被划分为普通薄木和微薄木；根据制作技术的差异，可以将其分类为旋切薄木、半圆旋切薄木以及刨切薄木；根据图案的差异，可以被分类为径向薄木和弦向薄木。最普遍的分类方法是根据结构特点，划分为天然薄木、集成薄木以及人造薄木。

天然薄木是由稀有的树种经过水热处理后，通过刨切或半圆旋切工艺制成的。它的独特之处在于木材没有经过分离重组，因此不会添加如胶黏剂这样的其他物质。此外，这种材料对木材质量有很高的要求，通常由珍贵木料制成。

集成薄木的制作过程如下：先将具有特定花纹要求的木材加工成各种规格的几何形状，然后在这些几何形状需要黏合的表面上涂上胶水，并按照设计规范进行组合和胶结，最终形成集成木方，并进一步将这个集成木方切割成集成薄木。集成薄木对于木材的质地有特定的标准，其图案和花纹种类繁多，而这些色彩和花纹的变化都是依赖于天然木材来实现的，具有独特风格和艺术效果，可作为工艺品应用于室内装饰中。

无论是天然薄木还是集成薄木，它们通常都需要稀有或高质量的木材，这给自然资源带来一定的压力，因此出现了人造薄木。人造薄木是由普通树种的单板经过染色、层压和模压处理后制成的木方，然后再进行刨切制作而成。人造薄木能模仿各种稀有树种所具备和不具备的自然纹理。

目前，天然薄木和人造薄木被广泛应用于刨花板、中密度纤维板、胶合板等人造板材的表面材料，同时也被用于家具部件、门窗、楼梯扶手、柱子、墙地面等的现场装饰和封边中。在家具和室内装饰中，经常需要对人造薄木进行裁剪和拼接。集成薄木实质上是一种经过工业化生产的薄木拼花技术，其设计精细，制造工艺精湛，通常具有较小的幅面，主要应用于桌椅、门窗、墙面和吊顶等局部区域的装饰工作。

三、人造板

人造板是利用木质人造板作基材，进行贴面、涂饰或其他表面加工而制成的一类人造板材。人造板种类极多。

（一）薄木贴面人造板

薄木贴面人造板被认为是一种高品质的人造板，它由具有天然纹理的木材制成，并与人造板基材进行胶贴，形成了既自然又真实、既美观又华美的图案。薄木以其独特的艺术效果和优良的物理机械性能广泛应用于建筑、家具及室内装饰行业中，成为现代工业的重要组成部分之一。尤其是那些由薄木拼接而成的山脉、水域、动植物、诗歌和绘画、花卉等，这些产品不仅珍贵，而且具有很强的装饰效果。目前市场上出售的薄木贴面装饰板在建筑装修、家居装饰以及车辆和船只的装饰中都有广泛使用。在20世纪80年代，薄木贴面人造板的贴面技术主要为干贴，而在20世纪90年代的后半段，湿贴成为主流。

（二）华丽板、保丽板

华丽板与保丽板其实都是由装饰纸制成的人造贴面板材。华丽板也被称为印花板，将已涂有氨基树脂的花色装饰纸贴于胶合板基材上，或者是先将装饰纸贴在胶合板上，然后再涂上氨基树脂。保丽板的制作方法是首先把装饰纸粘贴在胶合板上，然后再涂上聚酯树脂。这两类板材在20世纪80年代曾是广受欢迎的装修材料，尽管近年来在大中型城市的使用量有所下降，但在小城市和某些农村区域，它们依然具有一定的市场潜力。

（三）镁铝合金贴面装饰板

这款装饰板是以坚硬的纤维板或胶合板作为主要材料，其表面覆盖了各种颜色的镁铝合金薄片，其厚度范围在0.12—0.2毫米之间。经特殊工艺处理后，制成了一种造型美观、色泽艳丽的新型建筑饰面板。这种板材加工性能出色，施工简便，且具有长久的耐用性和不易褪色的特点。

（四）塑料装饰板、树脂浸渍纸贴面装饰板

除了可以使用预先制作好的塑料装饰板作为贴面材料外，还可以将装饰纸和其他辅助纸张浸泡在树脂中，然后直接粘贴在基材上，通过热压技术来形成装饰板，这种装饰板被称为树脂浸渍纸贴面装饰板。浸渍树脂是一种由天然或合成高分子材料制成的液体物质，具有良好的化学稳定性和物理性能。浸渍树脂的种类包括三聚氰胺树脂、聚酯树脂等。

塑料装饰板和树脂浸渍纸贴面装饰板具有耐磨、耐热、耐水、耐冲击和耐腐蚀的良好特性，已被广泛应用于建筑、家具装饰中。

四、金属饰面板

（一）铝合金装饰板（天花扣板）

铝合金装饰板，也被称为铝合金压型板或天花扣板，是由铝和铝合金作为主要原料，通过辊压冷压工艺制成各种断面的金属板材。这种板材具有轻质量、高强度、优刚度、耐腐蚀等多种优良特性。随着加工工艺的不断改进，越来越多的新型铝合金装饰板正在出现。其板面常用规格为 1220 毫米 ×2440 毫米。

1. 铝合金花纹板

铝合金花纹板是通过使用防锈铝合金等原材料，并用专门设计的花纹进行轧制制作出来的。该产品主要应用于建筑物内外墙面和地面饰面上。它的花纹设计既美观又大气，抗磨损性强，具有出色的防滑和防腐特性，同时也方便清洗，具有装饰性和实用性。

2. 铝合金浅花纹板

铝合金浅花纹板被认为是建筑装饰中的上乘材料。铝合金浅花纹板系采用铝型材为基材，经表面处理后加工成各种不同规格的浅浮雕图形或彩色花纹。除了继承了普通铝板的共同优势，它的刚度还增加了 20%。此外，它的抗污渍、抗划痕和抗摩擦能力也得到了增强，特别是其立体的图案和鲜艳的色彩，使得整个建筑更加璀璨夺目。

3. 铝波纹板、铝合金波纹板

铝波纹板和铝合金波纹板是在全球范围内被广泛使用的装饰材料。它们的重量相对较轻，仅为钢材的 3/10，具有防火、防潮和耐腐蚀的特性。由于重量轻而便于搬运、安装，经过迁移和拆解的波纹板依然具有可重复利用的特性，因此，它被广泛用于建筑物外墙及屋面装饰工程中。

4. 铝合金穿孔吸声板

铝合金穿孔吸声板是由多种铝合金平板通过机械方式穿孔制成的。板体是由铝薄板和金属骨架组成，在其表面涂有一层薄而均匀的涂料或粘结剂。它可用于室内吊顶、天花板、墙壁和地面的降噪与隔音，也可以作壁挂或贴墙材料。其不仅能有效降低噪声，还具有一定的装饰效果，可以将其用于公共建筑和中高端民用建筑以提升音响质量，还可以应用于各种工厂车间、人民防空地下室等。

（二）不锈钢装饰板

不锈钢装饰板是一种特殊用途的钢材，它具有优异的耐腐性、优越的成型性及赏心悦目的外表，其高反射性及金属质地的强烈时代感，与周围环境中的各种色彩交相辉映，对空间起到了强化、点缀和烘托效果。近年来，不锈钢装饰板已逐渐从高档场所走向了中低档装饰，如用于大理石墙面、木装修墙面的分隔及灯箱的边框装饰等。

不锈钢装饰板根据表面的光泽程度及反光率大小，又可分为镜面不锈钢板、亚光不锈钢板和浮雕不锈钢板等。

1. 镜面不锈钢板

镜面不锈钢板光亮如镜，其反射率、变形率均与高级镜面相似，与玻璃镜有相同的装饰效果。但是它还具有耐火、耐潮、耐腐蚀的特点，且不会变形和破碎，安装施工方便。它主要用于宾馆、饭店、舞厅、会议室、展览馆、影剧院的墙面、柱面、造型面及门面、门厅的装饰。板面常用规格为 1220 毫米 × 2440 毫米，厚度有 0.8 毫米、1.0 毫米、1.2 毫米和 1.5 毫米等多种。

2. 亚光不锈钢板

表面反光率为 50% 以下的不锈钢板被称为亚光不锈钢板，它具有光线柔和、不刺眼、装饰效果好等特点。

3. 浮雕不锈钢板

浮雕不锈钢板不仅具有光泽，而且是有立体感的浮雕装饰。其造价较高。

（三）铝塑板（塑铝板）

铝塑板又称塑铝板，由面层、核心、底板三部分组成，面层和底板均为铝片，核心为无毒低密度聚乙烯材料。它具有质量小、比强度高、隔音、防火、易加工成型、安装方便等优点。

按常规铝厚可分为0.12毫米、0.15毫米、0.21毫米、0.4毫米、0.5毫米（可根据要求生产各种厚度）；按常规产品厚度可分为1毫米、3毫米、4毫米（可根据要求生产各种厚度）；按用途可分为内墙板、外墙板和装饰板。

（四）彩色涂层钢板

彩色涂层钢板的基础材料通常是热轧钢板和镀锌钢板，而有机涂层主要是聚氯乙烯。其优点是施工简便、成本低廉。涂层与钢板结合的方法主要包括薄膜层压法和涂料涂覆法两大类。

在建筑结构中，彩色涂层钢板主要应用于外墙的护墙板，如果直接使用它来构建围护墙，则需要添加隔热层。制作屋面保温系统或用于其他用途时也可用来装饰建筑物表面。彩色涂层钢板也可以被加工为压型板，其断面的形态和大小与铝合金制成的压型板非常接近。这款压型板因其出色的耐用性、外观雅致以及施工简便的特点，非常适合用于工业厂房和公共建筑的屋顶与墙壁。

根据结构不同，彩色涂层钢板大致可分为以下几种：

1. 一般涂层钢板

这款钢板的基材是镀锌钢板，其背面和正面都经过了涂装处理，以确保其具有良好的耐腐蚀性。在基材表面涂刷一层白色油漆，使之形成一层保护膜，防止雨水渗透进入内部造成锈蚀。正面的第一层是底漆，通常是环氧底漆，它与金属的粘附性非常强。其背部也被涂抹了环氧树脂或者丙烯酸树脂。

2. PVC 钢板

PVC 钢板分为两大类：一类是通过涂布 PVC 糊技术制造出来的，被称作涂布 PVC 钢板；另一类是将已经成型、印花或压花的 PVC 膜粘贴在钢板上，这被称为贴膜 PVC 钢板。PVC 层具有热塑性特点，在其表面可以进行热加工处理。

由于它不像传统的涂塑钢板那样容易产生气泡和裂纹，因此在耐腐蚀和抗湿性方面也表现得相当出色。PVC 层的缺点是较易老化，为改善这一缺点，已出现一种在 PVC 层再复合丙烯酸树脂的复合型 PVC 钢板。

3. 隔热涂装钢板

将 15—17 毫米的聚苯乙烯泡沫塑料或硬质聚氨酯泡沫塑料粘贴在彩色涂层钢板的背侧，有助于增强涂层钢板的隔热和隔音效果。

4. 高耐久性涂层钢板

高耐久性涂层钢板是由具有极好耐老化性的氟塑料和丙烯酸树脂制成的表面涂层，这种涂层在工业厂房和公共建筑的墙壁及屋顶上都展现出了卓越的耐用性和抗腐蚀能力。

（五）镁铝曲面装饰板

镁铝曲面装饰板是以着色铝合金箔为装饰面层，纤维板或蔗板为基材，特种牛皮纸为底面纸，经黏结、刻沟等工艺而制成的装饰板。

镁铝曲面装饰板根据外观质量和力学性能又可分为优等品、一等品和合格品。根据条宽可分为细条装饰板、中宽条装饰板和宽条装饰板三类。

镁铝曲面装饰板具有表面光亮、颜色丰富（有银白、瓷白、浅黄、橙黄、金红、墨绿、古铜、黑咖啡等多种颜色）、不变形、不翘曲、耐擦洗、耐热、耐压、防水、安全性高、加工性能良好（可锯、可钻、可钉、可卷、可叠）等优点；缺点是易被硬物划伤，施工时应注意保护。

五、合成饰面板

（一）千思板（酚醛树脂板）

千思板也叫酚醛树脂板，"由热固性树脂与植物纤维混合而成，面层由特殊树脂经 EBC 双电子束曲线加工而成"[1]。它展现出了卓越的抗冲击、耐水、抗湿、抗药、耐高温、抗磨损和耐气候变化的特征。即使阳光直射，它也不会出现颜色的改变或消退。由于使用了聚碳酸酯材料制作而成，所以不容易产生静电或其他有害气体。千思板的产品特点是不容易沾染污渍，清洗起来简单，安装和拆卸都

[1]　杨闵敏，徐顾洲，李露.建筑装饰材料 [M]. 北京：北京希望电子出版社，2017.

很方便，维护和保养也很简单，而且产品外观持久美观。同时由于千思板材为环保材料，不含甲醛和苯等有害物质，是理想的绿色环保建材产品。此外，千思板因其出色的冲击吸收力和独特的制造工艺，具备了一定程度的抗震性能。

千思板表面使用电子束固化技术进行处理，其表面具有不可渗透及光滑特性，适用于有特别卫生要求的场合。同时，该板材具有多种颜色和纹理的组合选择。

（二）有机玻璃板

有机玻璃板是一种具有极好透光率的热塑性塑料。有机玻璃的透光性极好，可透过光线的 99%，并能透过紫外线的 73.5%。它的机械强度较高，耐热性、抗寒性及耐气候性都较好，耐腐蚀性及绝缘性良好。在一定条件下，它尺寸稳定、容易加工。有机玻璃的缺点是质地较脆、易溶于有机溶剂、表面硬度不大、易擦毛等。

有机玻璃在建筑上主要用作室内高级装饰材料、特殊的吸顶灯具材料、室内隔断及透明防护材料等。有机玻璃分为无色透明有机玻璃、有色透明有机玻璃和各色珠光有机玻璃等多种。

（三）防火板（耐火板）

防火板又名耐火板，分有机板和无机板两种。无机板是由水玻璃、珍珠岩粉和一定比例的填充剂、颜料混合后压制而成的。可根据需要制成各类仿石、仿木、仿金属及各种色彩的光面、糙面、凹凸面的防火板。

防火板具有防火、防尘、耐磨、耐酸碱、耐撞击、防水、易保养等特点。不同品质的防火板价格相差很大，可分为光面板、雾面板、壁片面板、小皮面板、大皮面板、石皮板。而其表面花纹有素面型、壁布型、皮质面、钻石面、木纹面、石材面、竹面、软木纹面、特殊设计的图案或整幅画等。其色彩有深有浅，有古典的也有现代的，有自然化的也有实用化的，有活泼色也有深沉色，只要搭配得当，就十分美观漂亮，具有良好的装饰效果。

防火板在施工时，底板一定要清洁后再上胶滚压密合，收边为直角、斜角、圆弧角，前两种收边会有交界缝，而收圆弧角则较圆滑美观。防火板施工最大的缺点是直角收边易碰撞，时间久后断落的齿痕十分难看。防火板虽然耐热耐水，但长久放于室外日晒雨淋，仍会褪色。

六、塑料饰面板

建筑装饰用塑料制品很多，常以板材、块材、波形瓦、卷材、塑料薄膜等形式，用在屋面、地面、墙面和顶棚。

常用的有塑料饰面板和塑料贴面材料。

塑料饰面板具有隔热、隔声和保护墙体的作用，它颜色、图案丰富，装饰效果好。产品主要有 PVC 装饰板、塑料贴面板、有机玻璃装饰板、玻璃钢装饰板和塑料装饰线条等。

塑料装饰线条主要是 PVC 钙塑线条，它质轻、防霉、阻燃、美观、经济、安装方便。主要用颜色不同的仿木线条，也常制成仿金属线条，可作为踢脚线、收口线、压边线、墙腰线、柱间线等墙面装饰。

七、壁纸（壁布）

壁纸（壁布）是室内装饰中应用较为广泛的墙面及天花板面的装饰材料，由于其具有质地柔软、图案多样、色泽多样的外观效果和耐用、耐洗、施工方便等特点，深受人们的喜爱。尤其是其柔软的质感，可将室内环境营造出温暖祥和的气氛，是其他材料不可替代的。

壁纸按面层材质分类，可分为纸面纸基壁纸、纺织艺术壁纸、天然材料面壁纸、金属壁纸和塑料壁纸等。

按产品性能分类，壁纸可分为防霉抗菌壁纸、防火阻燃壁纸、吸声壁纸、抗静电壁纸和荧光壁纸等。防霉抗菌壁纸能有效地防霉、抗菌、阻隔潮气；防火阻燃壁纸具有难燃、阻燃的特性；吸声壁纸具有吸声能力，适用于歌厅、KTV 包厢的墙面装饰；抗静电壁纸能有效防止静电；荧光壁纸具有一种独特的视觉效果，即在夜间壁面焕发光彩，并且在熄灯后能维持长达 45 分钟的荧光效果，这一特性赢得了儿童群体的广泛喜爱。

壁纸可以根据产品的颜色和装饰风格进行分类，包括图案型、花卉型、抽象型、组合型、儿童卡通型等，还有能够起到画龙点睛效果的腰线壁纸。

常用壁纸成卷状，每卷规格为 0.53 米 ×10 米。

八、建筑内墙涂料

一般家居用的墙面漆主要是乳胶漆，能制造丝光、缎光、亚光等光泽。

乳液型的外墙涂料通常都可以被用作内部墙面的装饰材料。在选择外墙涂料时，要根据不同功能和要求进行选用。目前，建筑内墙常用的乳胶漆包括醋酸乙烯—丙烯酸酯和光乳胶漆，也被简称为乙—丙有光乳胶漆。

乙—丙有光乳胶漆是由乙—丙共聚乳液作为主要的成膜成分，再加入适量的颜料、填料和助剂，经过精细的研磨或分散处理，最终得到的是半光或有光的内墙涂料。这种涂料无毒无味，施工方便，不污染室内环境，特别适合用于建筑的内部墙面装饰，它具有出色的耐水、耐碱和持久的特性，并带有闪亮的光泽，被认为是中高端的内墙装饰材料。

乙—丙有光乳胶漆的特点如下：

第一，通过在共聚乳液中加入丙烯酸丁酯、甲基丙烯酸甲酯、甲基丙烯酸、丙烯酸等多种单体，成功地增强了乳液的光稳定性，从而使得所制备的涂料具有更好的耐候性，同时也适用于户外环境。

第二，通过在共聚物中加入丙烯酸丁酯，可以实现内部增塑，从而增强涂层的柔软度。

第三，该产品的主要成分是醋酸乙烯，在中国拥有丰富的资源，并且其涂料价格也相当合理。乳胶漆通常以桶包装，有大桶和小桶之分，大桶一般装 15 升，小桶一般装 5 升。

九、块材

块材包括天然块材和人造块材，常见的有天然花岗石、天然大理石、人造石材、釉面砖、陶瓷锦砖等。

天然花岗石和天然大理石直接采集于自然，在室内装饰之前，应保证其各方面性能在规定范围之内，尤其是放射性指标。

釉面砖，也被称为内墙面砖，是一种用于装饰内墙的细薄陶瓷建筑材料。釉面砖适用于建筑物内墙壁或地面装饰，不宜在户外使用，因为长时间暴露在阳光、雨水、强风等自然条件下，可能会造成其破损。釉面砖的种类繁多，其色彩表现为白色、彩色、图案、无光和石光等多种，还可以组合成各种不同的图案和字画。这种砖具有很强的装饰效果，强度高，并且在耐磨、耐腐蚀、耐火和耐水方面都表现出色。此外，它还易于清洁，颜色持久，因此常被用于厨房、卫生间、浴室、理发店、内墙裙等地方的装修，以及大型公共场所的墙面装饰。

十、纸面石膏板

在建筑装饰领域，纸面石膏板具有不可忽视的重要性。纸面石膏板主要由建筑石膏制成，并混合了纤维、各种添加剂（如发泡剂、缓凝剂等）以及适量的轻质填充物。通过加水搅拌成料浆的方式，将其浇注到正在进行的纸面上，成型后再覆盖上层面纸。料浆在凝固后转化为芯板，经过切割和烘干处理，芯板与护面纸能够紧密地结合在一起。由于其生产工艺简单，设备投资少，生产成本低，因此，纸面石膏板被广泛应用于工业厂房的围护体系以及住宅房屋的装修工程之中。

第三节　涂抹类墙面装饰构造

一、涂刷类墙面构造

（一）合成树脂乳液饰面构造

合成树脂乳液内墙涂料是以合成树脂乳液为黏结料，加入颜料、填料及各种助剂，经研磨而成的薄型内墙涂料。

合成树脂乳液的饰面构造一共包括四层，分别为基层、找平层、封闭涂层和面层（图 3-3-1）。

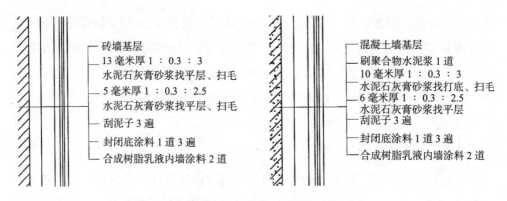

砖墙基层
13毫米厚1：0.3：3
水泥石灰膏砂浆找平层、扫毛
5毫米厚1：0.3：2.5
水泥石灰膏砂浆找平层、扫毛
刮泥子3遍
封闭底涂料1道3遍
合成树脂乳液内墙涂料2道

混凝土墙基层
刷聚合物水泥浆1道
10毫米厚1：0.3：3
水泥石灰膏砂浆找打底、扫毛
6毫米厚1：0.3：2.5
水泥石灰膏砂浆找平层
刮泥子3遍
封闭底涂料1道3遍
合成树脂乳液内墙涂料2道

图3-3-1　砖墙和混凝土墙合成树脂乳液饰面构造

（二）油漆饰面构造

油漆是一种能在材料表面形成干燥膜层的有机涂料，使用这种涂料制作的饰面被称为油漆饰面。油漆一般由树脂、颜料和溶剂组成。这种油漆具有抗水性和易于清洁的特点，装饰效果出色，但其涂层对光的耐受性较差，施工过程烦琐，需要较长的时间。

油漆有多种类型，根据其实际使用效果，可以分为清漆和色漆等；根据应用方式，可以将其分类为喷漆和烘漆等几种；根据漆膜的外观特点，可以将其分类为有光漆、亚光漆和皱纹漆等几种；按用途分装饰用涂料和防护涂料两类；根据成膜物的种类，可以将其分类为油基漆、含油合成树脂漆、不含油合成树脂漆、纤维衍生物漆以及橡胶衍生物漆等几种。

油漆拉毛可以分为两大类：石膏拉毛和油拉毛。石膏拉毛要比油拉毛困难些，它有一个比较大的缺点就是容易产生气泡。石膏拉毛的标准方法是先将石膏粉与适量的水混合，持续搅拌至均匀，接着使用刮刀将其均匀地刮在墙壁的垫层上，之后进行拉毛处理，干燥后再涂上油漆；油拉毛的制作方法是将石膏粉与适量的水混合，确保混合均匀，随后加入油料并均匀搅拌，然后将其刮到墙面的垫层上，接着进行拉毛处理，待其完全干燥后再涂上油漆。

油漆墙面的常规施工方法是，首先在墙面上涂抹水泥石灰砂浆作为底层，然后再用水泥、石灰膏和细黄沙粉再涂抹一层，总厚度约为20毫米，最终涂上油漆，即"一底二面"（图3-3-2）。

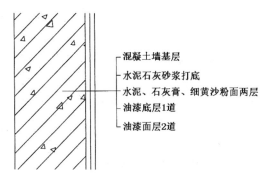

图 3-3-2　油漆饰面构造

二、抹灰类墙面构造

（一）一般抹灰墙面构造

一般抹灰墙面是指采用石灰砂浆、混合砂浆、聚合物水泥砂浆、麻刀灰、纸筋灰等材料，对建筑物内墙的面层进行抹灰和石膏浆罩面。

1. 不同分层

总体来说，一般抹灰墙面可分成面层、中层和底层三个层次。

（1）面层抹灰

作用：装饰，要求平整、均匀。

用料：各种砂浆或水泥石碴浆。

（2）中层抹灰

作用：找平、弥补底层砂浆的干缩裂缝。

用料：通常与底层相同。

（3）底层抹灰

作用：与基层黏结和初步找平。

用料：可使用石灰砂浆、水泥石灰混合砂浆或水泥砂浆，一般室内砖墙多采用 1∶3 的石灰砂浆；需要做油漆墙面时，底灰可用 1∶2∶9 或 1∶1∶6 的混合砂浆；有防水、防潮要求时，应采用 1∶3 的水泥砂浆；混凝土墙体一般采用混合砂浆或水泥砂浆（图 3-3-3）。

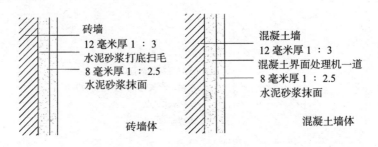

图 3-3-3　底层抹灰构造

2. 构造

一般抹灰墙面用材可分为两种类型：水泥砂浆抹灰、罩面灰。

（1）水泥砂浆抹灰的构造

底层：素水泥浆一道，内掺水重 3%—5% 的 107 胶。

中层：13 毫米厚 1 ∶ 3 的石灰砂浆打底。

面层：6 毫米厚 1 ∶ 2.5 的水泥砂浆。

用途：厨房、卫生间和潮湿房间的墙裙。

（2）罩面灰的构造

罩面灰可分为纸筋灰、麻刀灰罩面；石膏灰罩面；水砂面层抹灰罩面和膨胀珍珠岩灰浆罩面四种类型。

第一，纸筋灰、麻刀灰罩面。

特点：表面平滑细腻，可以再喷刷大白浆的其他饰面材料。

砖墙基层做法：用 13 毫米厚的 1 ∶ 3 的石灰砂浆打底，然后用 2 毫米厚的纸筋灰或麻刀灰、玻璃丝罩面。

混凝土基层做法：墙面需先刷素水泥浆，而后用 13 毫米厚 1 ∶ 3 ∶ 9 的水泥石灰砂浆打底，底子灰分两边完成，最后用 2 毫米厚的纸筋灰浆罩面。

加气混凝土基层做法：抹灰前清理基层，浇水润湿，用 13 毫米厚的石灰砂浆找平，再用 3 毫米厚 1 ∶ 3 ∶ 9 的水泥石灰砂浆打底，最后抹 2 毫米厚的纸筋灰或麻刀灰罩面。

第二，石膏灰罩面。

特点：颜色洁白，表面细腻，不反光，还具有隔热保温、不燃、吸声、结硬后不收缩等性能。

做法：先用 13 毫米厚 1 ：（2—3）的麻刀灰砂浆打底找平，共两遍。而后用石膏灰罩面，共三遍。第一遍 1.5 毫米厚，随即进行第二遍，厚度为 1 毫米厚，第三遍略添灰压光，厚 0.5 毫米，三遍总厚度控制在 2—3 毫米。

注意事项：不适合涂抹在水泥砂浆或混合砂浆的底灰上，会因化学反应而使基层产生裂缝，致使面层产生裂缝、空鼓等现象。

第三，水砂面层抹灰罩面。

特点：适用于较高级的住宅，表面光洁细腻、黏结牢固、耐久性强、防水性能好，表面涂刷涂料或油漆方便，且用料简单。

做法：先用 1 ：（2—3）的麻刀灰浆打底，然后用水砂抹面，材料的体积比为石膏灰：青砂 =1 ：（3—4），厚度不宜过厚，宜为 3—4 毫米。

第四，膨胀珍珠岩灰浆罩面。

特点：比纸筋灰罩面外观的密度小，粘附力好，不易龟裂，操作简便，造价降低 50% 以上，工效可提高 1 倍左右，适用于对保温、隔热要求较高的内墙。

做法：配比方式有两种，一种是石灰膏：膨胀珍珠岩：纸筋灰：聚乙酸乙烯 =100 ： 10 ： 10 ： 0.3（松散体积比）；另一种是水泥：石灰膏：膨胀珍珠岩 =100 ：（10—20）：（3—5）（质量比）。抹灰层的厚度越薄越好，通常为 2 毫米左右。

（二）装饰抹灰墙面构造

装饰抹灰是通过水泥砂浆的着色或水泥砂浆表面形态的艺术加工，获得一定色彩、线条、纹理质感，以达到装饰的目的。装饰抹灰饰面包括弹涂饰面，拉毛、甩毛、喷毛及搓毛饰面，拉条抹灰、扫毛抹灰饰面，以及假面砖饰面。

1. 弹涂饰面构造

弹涂饰面是通过弹涂施工的一种抹灰饰面方法，表面可形成 3—5 毫米的扁圆形花点，显示类似于钻石的效果。

底层：聚合物水泥色浆一道。

中层：用弹涂器分几遍将不同色彩的聚合物水泥浆弹在底层的涂层上。

面层：喷涂甲基硅树脂或聚乙烯醇缩丁醛溶液（可使表面的质感更好）。

主要用料为白水泥和色料。刷涂层和弹涂层的颜色及颜色料用量可根据设计要求与样板而定。

2. 拉毛、甩毛、喷毛及搓毛饰面构造

拉毛、甩毛、喷毛及搓毛饰面，表面均具有凹凸不平的毛尖，但构造做法略有区别。

（1）拉毛饰面

分类：大体可分为小拉毛和大拉毛两种。

用料：通常的做法是使用普通水泥混合适量的灰石膏素浆或沙子制成的砂浆。小拉毛加入5%—12%的灰石膏，而大拉毛则加入20%—25%的灰石膏，最后再混入适量的沙子，这样做的目的是防止出现龟裂的情况。另外，加入少许的纸筋灰也有助于增强抗拉能力并降低开裂的可能性。可根据墙体面积大小及施工需要选用不同颜色和强度的水泥。

做法：先抹底子灰，分两遍完成。而后刮一道素水泥浆，再用水泥石灰砂浆进行拉毛，抹灰的厚度根据拉毛的长度而定。饰面除了用水泥拉毛外，还可使用油漆拉毛，就是在油漆石膏表面，用板刷或辊筒拉出各种花纹。

（2）甩毛饰面

用料：水泥砂浆、水泥浆或水泥色浆，底子灰用1∶3的水泥砂浆，刷毛用1∶1的水泥砂浆或混合砂浆。

做法：抹厚度为13—15毫米的底子灰，5—6成干时，根据设计要求，刷一道水泥浆或水泥色浆，最后甩毛，砂浆中也可加入适量的颜料调色。

（3）喷毛饰面

用料：水泥石灰膏混合砂浆。

做法：将1∶1∶6的水泥石灰膏混合砂浆，用挤压式砂浆泵或喷斗，将砂浆连续均匀地喷涂于墙体表面，形成饰面层。

（4）搓毛饰面

用料：水泥石灰砂浆，底子灰用1∶1∶6的水泥石灰砂浆，罩面搓毛同样使用1∶1∶6的水泥石灰砂浆。

做法：先抹底子灰，而后搓毛。

3. 拉条、扫毛抹灰饰面构造

拉条抹灰饰面和扫毛抹灰饰面的基层处理及底层刮糙均与一般抹灰相同。不同的是面层的处理方式。

（1）拉条抹灰饰面

用料：水泥、细黄沙纸筋灰混合砂浆，体积比为水泥：细黄沙：纸筋灰＝1：2.5：0.5。

做法：在底灰上，用水泥、细黄沙、纸筋灰混合砂浆抹面，厚度一般在12毫米之内。面层砂浆稍收水后，用拉条模沿导轨直尺从上往下拉线条成型。拉条饰面上，还可喷涂涂料。

适用：拉条抹灰饰面立体感强，线条清晰，可改善大空间墙面的音响效果，一般适合用于公共建筑的门厅、影剧院等建筑的墙面饰面。

（2）扫毛抹灰饰面

用料：水泥、石灰膏和黄沙混合砂浆，砂浆的体积比为水泥：石灰膏：黄沙＝1：0.3：4。

做法：面层粉刷采用10毫米厚的混合砂浆。待面层稍收水后，按照设计要求，用竹丝扫帚扫出条纹，面层上可喷刷涂料。

适用：扫毛抹灰饰面效果清新自然、操作简单，可用于一般建筑内墙的局部装饰。

4. 假面砖饰面构造

用料：掺入氧化黄铁、氧化红铁等颜料的水泥砂浆，砂浆的常用质量比为水泥：石灰膏：氧化铁红（氧化铁黄）：沙子＝100：20：（6—8）：2：150，水泥与颜料应事先混合均匀。

做法：首先，在底灰上涂上3毫米的1：1的水泥砂浆，接着涂上3—4毫米厚度的砂浆。完成砂浆涂抹后，使用铁梳子沿着靠尺板从上至下画出纹路。接着，根据面砖的尺寸，使用铁钩子在靠尺板上横向划沟，深度为3—4毫米，露出垫层砂浆就可以了（图3-3-4）。

适用：假面砖饰面沟纹清晰、表面平整、色泽均匀，可以以假乱真，可用于一般建筑内墙的局部装饰。

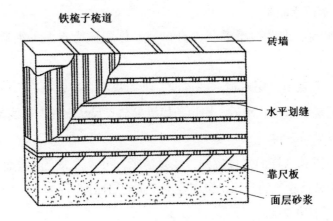

铁梳子梳道

砖墙

水平划缝

靠尺板

面层砂浆

图 3-3-4　假面砖饰面构造

（三）石碴类墙面构造

石碴，通常被称为米石，是由天然大理石、花岗石和其他种类的天然石材经过粉碎处理形成的。它与水泥混合搅拌均匀，可作为抹灰浆料使用。常见的规格包括粒径为 4 毫米的小八厘、粒径为 6 毫米的中八厘（其）以及粒径为 8 毫米的大八厘，一般用在建筑外墙或室内地面铺贴装饰装修中。石碴类型的墙体饰面是一种特殊的装饰方法，它使用水泥作为胶结材料和石碴作为骨料，然后在墙体的基层表面涂抹水泥石碴浆。接着，通过水洗、剁斧和水磨等手段，去除表面的水泥浆皮，从而露出石碴的颜色和质感。石碴饰面与抹灰类饰面在基础结构上是一致的，大体上，它由底层、中间层、黏结层和面层等多个部分构成。不同类型略有一些增减或变化。常用的石碴饰面有假石饰面、水刷石饰面、干粘石饰面等类型。

1. 假石饰面构造

假石饰面以水泥和白石屑等材料为原料，分为拉假石和斩假石两类。施工时，将原料抹在建筑物的表面，等待至半凝固后，用斧子斩或使用拉耙拉，制作出类似剁斧石材板的质感。

（1）拉假石饰面

特点：有类似斩假石的质感，但是石碴外露的程度不如斩假石。它比斩假石施工更简单，功效更高一些，适合用于中低档建筑的墙面饰面。

用料：水泥石碴浆常用质量比为水泥：石英砂（或白云石屑）=1：1.25。

做法：先用 10—15 毫米厚 1：3 的水泥砂浆打底；底层干燥至 70% 时，在其上满刮 1 毫米。厚素水泥浆一道；随后涂抹一层 8—10 毫米厚的水泥石碴浆罩面。凝固后，用拉耙依着靠尺按同一方向挠刮，除去表面的水泥浆，露出石碴。拉纹深度一般以 1—2 毫米为宜，宽度一般以 3—3.5 毫米为宜。

（2）斩假石饰面

特点：又称剁斧石，表面效果类似石材的纹理。质朴素雅、美观大方，有真石的质感，装饰效果好。但纯手工操作，功效低、劳动强度大，因此价格较高，适合高档建筑。

用料：水泥石碴浆 [水泥：石碴 =1：1.25（质量比）] 或水泥石屑浆 [水泥：白石屑 =1：1.5（质量比）]，石屑的直径为 0.5—1.5 毫米，石碴为直径 2 毫米的米粒石，石碴使用时需掺入 30% 直径为 0.5—1.5 毫米的石屑。为了模仿不同天然石材的质感，也可以在配比中加入各种配色骨料或颜料。

做法：先用 10—15 毫米厚的 1：3 的水泥砂浆打底；而后在其上满刮 1 毫米厚素水泥浆一道，表面划毛；随后涂抹一层 10 毫米厚的水泥石碴浆（或水泥石屑浆）罩面。饰面的棱角及分格缝周边宜留 15—30 毫米宽不剁，以使斩假石看上去极似天然石材的粗糙效果（图 3-3-5）。

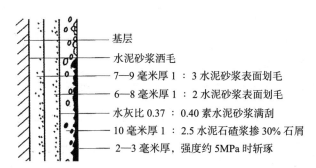

图 3-3-5　斩假石饰面构造

2. 水刷石饰面构造

特点：水刷石饰面具有朴实淡雅的装饰效果，经久耐用，应用广泛。

用料：打底砂浆、素水泥浆和水泥石碴浆。打底砂浆的质量比为 1：3。水泥石碴浆的配比应根据石子径粒的大小进行调整，采用大八厘石子时，水泥：石

子 =1：1.25（质量比）；采用小八厘石子时，水泥：石子 =1：1.5（质量比）。配料时，可使用不同颜色的石屑和玻璃屑来调整色彩的层次并丰富质感，但掺入量不宜超过 10%。为了降低普通水泥中的灰色调，还可在水泥石碴浆中加入一些石灰膏，但用量不能超过水泥量的 50%。

做法：先用打底砂浆打底并划毛，厚度为 15 毫米。紧接着薄刮一层厚度为 1—2 毫米的素水泥浆，然后涂抹水泥石碴浆，待水泥浆初凝后，以毛刷蘸水刷洗或用喷枪以一定水压冲刷表层水泥浆皮，使石碴半露出来。

3.干粘石饰面构造

干粘是把石碴、彩色石子等骨料通过粘、甩、喷等方式，固定在水泥石灰浆或聚合物水泥砂浆黏结层上的一种饰面方式，包括以下五种类型：

（1）干粘石饰面

特点：又称甩石子，干粘石饰面效果与水刷石饰面类似，但与水刷石饰面相比可节约水泥用量 30%—40%，节约石碴 50%，提高功效 30% 左右，被广泛地用在民用建筑中。

用料：小八厘石碴或中八厘石碴和黏结砂浆，黏结砂浆的质量比为水泥：沙子：107 胶 =100：（100—150）：（5—15）或水泥：石灰膏：沙子：107胶 =100：50：200：（5—15），若在冬季施工，还应加入水泥量 2% 的氯化钙和0.3% 的木质素磺酸钙。

做法：将黏结砂浆涂抹在基层上，将石碴用拍子甩到黏结砂浆上，压实拍平。

（2）干粘喷洗石饰面

特点：此种饰面既有水刷石饰面黏结牢固、石粒密实、表面平整、不易积灰、经久耐用的优点，又有干粘石饰面质地朴实、美观大方、成本低的优点，广泛地被用在民用建筑中。

用料：同干粘石。

做法：将黏结砂浆涂抹在基层上，将石碴用拍子甩到黏结砂浆上，压实拍平，半凝固后，用喷枪洗去表面的水泥浆，使石子半露。

（3）喷粘石饰面

特点：效果与干粘石类似，但功效更快、工期短。

用料：石碴和黏结砂浆，黏结砂浆的质量比为水泥：沙子：107

胶 =100：50：（10—15）或水泥：石灰膏：沙子：107 胶 =100：50：100：（10—15）。

做法：在干粘石饰面做法的基础上，改用喷斗喷射石碴代替用手甩石碴。

（4）喷石屑饰面

特点：是喷粘石饰面与干粘石饰面做法的发展，功效快、工期短。

用料：石屑（直径比石碴小）和黏结砂浆，饰面颜色浅淡、明亮的高级工程应使用白水泥，黏结砂浆的质量比为白水泥：石粉：107 胶：木质素磺酸钙：甲基硅醇钠 =100：（100—150）：（7—15）：0.3：（4—6），甲基硅醇钠需要先用硫酸铝中和至 pH 值为 8，砂浆稠度 12 毫米左右；一般工程的黏结砂浆使用普通水泥即可，砂浆的质量比为普通水泥：砂子：107 胶 =100：150：（5—15）。

做法：在基层上抹水泥砂浆，然后喷或涂刷 107 胶，最后喷抹黏结砂浆。

（5）彩瓷粒饰面

彩瓷粒饰面是使用人工烧制的彩色瓷粒代替石碴的一种饰面方式，瓷粒的径粒较小，为 1.2—3 毫米，因此在施工时，饰面层应减薄，其构造可参考干粘石，不同的是，表面需涂聚乙烯醇缩丁醛等保护层。

第四节　贴面类墙面装饰构造

一、面砖、瓷砖饰面构造

面砖、瓷砖由一定尺度的预制陶瓷板块，多以陶土为原料，压制成型后经高温煅烧而制成。背面多有浅凹槽，便于增大粘结面积使其粘贴得更牢固。面砖和瓷砖，按照面层材料可分为有釉面砖和无釉面砖两类；按表面光泽可分为抛光和不抛光两类。

面砖、瓷砖有直接镶贴及采用连接件连接两种构造方式。

（一）直接镶贴构造方式

直接镶贴是采用黏结砂浆、界面剂胶或胶粉，将面砖、瓷砖粘贴在墙面基层上的方式（图 3-4-1）。构造可分为基层、粘贴层和面层三部分。

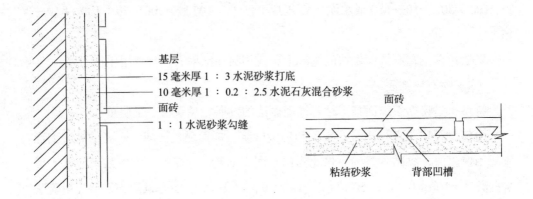

基层
15 毫米厚 1∶3 水泥砂浆打底
10 毫米厚 1∶0.2∶2.5 水泥石灰混合砂浆
面砖
1∶1 水泥砂浆勾缝

面砖
粘结砂浆
背部凹槽

图 3-4-1　面砖、瓷砖饰面直接镶贴的构造

（1）基层

基层为抹底层，也叫找平层。用料为 1∶3 的水泥砂浆，厚度一共应不小于 12 毫米。需分层涂抹，每层厚度宜为 5—7 毫米，要求刮平、拍实、搓粗，做到表面平整且粗糙。若遇到不同材质的基层，应在交接处钉钢板网，两边与基体的搭接应不小于 100 毫米，用扒钉绷紧钉牢，钉间距应不大于 400 毫米，然后抹底子灰。

（2）粘贴层

砂浆粘贴：可用 1∶2.5 的水泥砂浆或 1∶0.2∶2 的水泥石灰混合砂浆（水泥∶白灰膏∶砂），还可使用掺入 107 胶（水泥质量的 5%—10%）的 1∶2.5 的水泥砂浆。砂浆的厚度以不小于 10 毫米为宜。

界面剂胶：采用 1∶1 的水泥砂浆加入水质量 20% 的界面剂胶，涂抹在砖体背面，厚度为 3—4 毫米。此种粘贴法要求基层灰必须抹得平整，沙子必须过筛再使用。

胶粉：调和胶粉粘贴面砖，厚度为 2—3 毫米，要求基层灰必须平整。

（3）面层

部分面砖、瓷砖在粘贴前需放入清水中浸泡 2 小时以上。混凝土墙应提前 3—4 小时润湿，以避免粘贴时吸走砂浆中的水分。面砖、瓷砖贴好后，应用 1∶1 的白水泥或勾缝胶进行勾缝，待嵌缝材料硬化后再清洁表面。

（二）连接件连接构造方式

连接件连接有骨架式和直接与墙体连接两种方式。当墙体基层为强度较低的加气块隔墙或轻质隔墙板等墙体时，宜采用骨架式（图3-4-2）；当墙体基层的强度较高时，宜采用直接与墙体连接的方式。

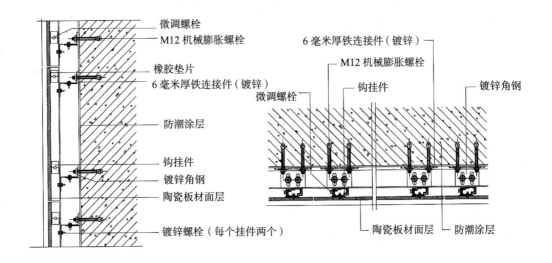

图 3-4-2　面砖骨架式连接构造

二、陶瓷锦砖和玻璃锦砖饰面构造

锦砖也叫作马赛克，是一种小尺寸的砖。陶瓷锦砖和玻璃锦砖均属于锦砖，只是两者的制作材料不同。

（一）陶瓷锦砖饰面构造

陶瓷锦砖为瓷土烧制的小块瓷砖，质地坚硬、经久耐用，耐酸碱等性能极好。与面砖相比，陶瓷锦砖造价低、面层薄、自重轻，且具有装饰效果美观、耐磨、不吸水、易清洗等优点。陶瓷锦砖有凸面和凹面两种类型，前者适合装饰墙面，后者适合装饰地面。

陶瓷锦砖饰面的构造如图 3-4-3 所示。

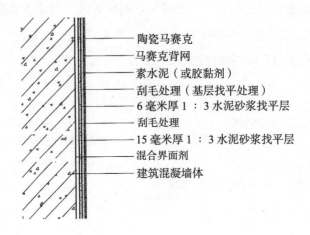

图 3-4-3　陶瓷锦砖饰面的构造

底层：用厚 15 毫米、体积比为 1 ：3 的水泥砂浆做底层。

黏结层：传统做法为使用厚度为 2—3 毫米、配合质量比为纸筋：石灰膏：水泥 =1 ：1 ：8 的水泥砂浆粘贴；近年来多采用掺入水泥量 5%—10% 的 107 胶或聚乙酸乙烯乳胶的水泥浆粘贴。

面层：陶瓷锦砖镶贴完成后，应用 1 ：1 的水泥擦缝，可使其更美观，并保证黏结的牢固。

（二）玻璃锦砖饰面构造

玻璃锦砖也就是玻璃马赛克，由片状、小块的玻璃制成。与陶瓷锦砖相比，色彩更为鲜艳，颜色更多样，表面更光滑、不易被污染，并具有透明感和极强的光泽感，能够装饰出清丽雅致的效果。玻璃锦砖的形状与陶瓷锦砖略有不同，其背面呈锅底形，并有沟槽，断面呈梯形等。这种结构增大了单块锦砖背面的黏结面积，并能够加强其与底层的黏结性。

玻璃锦砖饰面构造如图 3-4-4 所示。

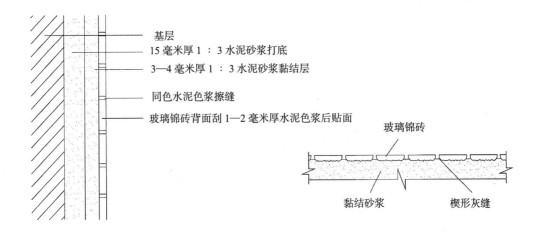

基层

15 毫米厚 1 ∶ 3 水泥砂浆打底

3—4 毫米厚 1 ∶ 3 水泥砂浆黏结层

同色水泥色浆擦缝

玻璃锦砖背面刮 1—2 毫米厚水泥色浆后贴面

玻璃锦砖

黏结砂浆　　　　楔形灰缝

图 3-4-4　玻璃锦砖饰面的构造

底层：用厚 15 毫米、体积比为 1 ∶ 3 的水泥砂浆做底层并刮糙，一般分层抹平，两遍即可。若基层为混凝土墙板，涂抹底层前，应先刷一道素水泥浆，内掺水泥质量 5% 的 107 胶。

黏结层：3 毫米厚 1 ∶（1—1.5）的水泥砂浆，砂浆凝固前，开始粘贴玻璃锦砖。

面层：在粘贴玻璃锦砖的过程中，首先在其麻面上涂抹一层 2 毫米厚的白水泥浆，接着将纸面向外，将玻璃锦砖镶嵌在黏结层之上。为了确保表层的黏合更为牢固，建议在白水泥素浆中加入占水泥质量 4%—5% 的白胶和与表层颜色匹配的矿物颜料，接着使用相同的水泥色浆进行擦缝。

三、釉面砖饰面构造

釉面砖也叫作瓷砖、瓷片、釉面陶土砖等，釉面有白色和彩色两种，后者较为常用。釉面砖颜色稳定，不易褪色，效果美观，吸水率低，表面细腻光滑，不易积灰、积垢，便于清洁。除了装饰地面外，还可用来装饰墙面和水池。

釉面砖饰面的构造如图 3-4-5 所示。

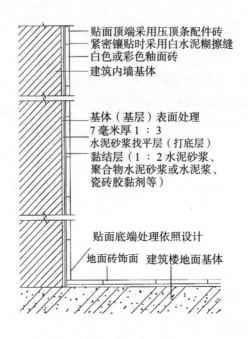

图 3-4-5　釉面砖饰面构造

釉面砖与面砖和锦砖一样都属于刚性地材，结构同样分为底层、黏结层和面层三部分。

底层使用 1：3 的水泥砂浆；黏结砂浆用 10—15 毫米厚 1：0.3：3 的水泥石灰膏混合砂浆，黏结砂浆也可使用掺入 5%—7%107 胶的水泥素浆，厚度为 2—3 毫米；面层为釉面砖，贴好后，需用白水泥擦缝。

四、预制人造石材饰面板饰面构造

预制人造石材饰面板饰面也叫作预制饰面，此类材料在工厂预制，现场仅进行安装。所有种类的预制板按照厚度都可分为薄板和厚板两类，厚度为 40 毫米以下的称为板材，厚度为 40 毫米以上的称为块材。预制人造石材饰面板具有制作工艺合理，可加工性强，不容易开裂，施工速度快等优点。按照制作材料划分，常用的有六种类型，下面主要对人造大理石饰面板饰面进行分析。

人造大理石饰面板简称人造大理石，纹理仿照天然大理石制成，根据用材和生产工艺可分为四类：聚酯型人造大理石、无机胶结材型人造大理石、复合型人造大理石和烧结型人造大理石。

（一）聚酯型人造大理石

施工方式：黏结。

黏结材料：水泥浆、聚酯砂和有机胶黏剂。其中有机胶黏剂是最理想的一种，其粘贴效果最好，如环氧树脂，但成本较高。为了降低成本并保证效果，可以使用不饱和聚酯树脂和中砂混合的胶黏剂，比例一般为 1：（4.5—5）。

施工做法：先用 1：3 的水泥砂浆打底，而后在板材背后涂抹黏结层，最后粘贴面层。

（二）无机胶结材型人造大理石和复合型人造大理石

这两种大理石的施工方式，应根据板材厚度确定。这两种人造大理石的板厚目前主要有厚板（8—12 毫米）和薄板（4—6 毫米）两种。

厚板：镶贴厚板主要使用聚酯砂浆，其胶砂比一般为 1：（4.5—5），固化剂的掺入量根据使用要求而定。但为了降低成本，目前多采用聚酯砂浆固定，同时辅以水泥胶砂粘贴。先用 1：3 的水泥砂浆打底，而后用聚酯砂浆固定板材四角和填满板材之间的缝隙，待砂浆固化并能起到固定拉紧作用后，再用胶砂进行灌浆。

薄板：镶贴薄板使用 1：0.3：2 的水泥石灰混合砂浆或 10：0.5：2.6（水泥：107 胶：水）的 107 胶水泥浆。先用 1：3 的水泥砂浆打底，而后在板材背面涂抹胶黏剂，将其粘贴在基层上。

（三）烧结型人造大理石

施工方式：黏结。

黏结材料：1：2 的细水泥砂浆。

施工做法：烧结型人造大理石的各方面均接近陶瓷制品，因此施工方式也与其类似。先用 1：3 的水泥砂浆打底，厚度为 12—15 毫米，而后将 2—3 毫米厚的黏结砂浆涂抹在石板背面，粘贴在基层上，为了提高黏结强度，可在水泥砂浆中掺入水泥质量 5% 的 107 胶。

五、天然石材饰面板饰面构造

天然石材饰面板花色多样、纹理自然，具有天然美感，且质地坚硬、经久耐用、耐磨，但因为开采的限制及矿源等原因，价格较高，属于高档饰面板材。天然石材的面层处理方式较多，包括抛光、机刨、剁斧、凿面、拉道、烧毛、亚光等，面层处理方式不同，艺术效果也不同。

下面介绍四种主要的构造方法：湿挂法（捆扎再灌浆）、聚酯砂浆固定法、树脂胶黏结法及干挂法。

（一）湿挂法构造

钢筋网挂贴法（图 3-4-6），在墙面预埋铁件，将直径为 6 毫米的钢筋焊接成钢筋网，钢筋同基层的预埋件焊接牢固。将加工成薄材的石材用铜丝将石材绑扎在钢筋网上，或用金属扣件钩挂在金属网上，墙面与石材之间的距离一般为 30—50 毫米，在该缝隙中分层灌入 1∶2.5 的水泥砂浆，待初凝后再灌上一层。

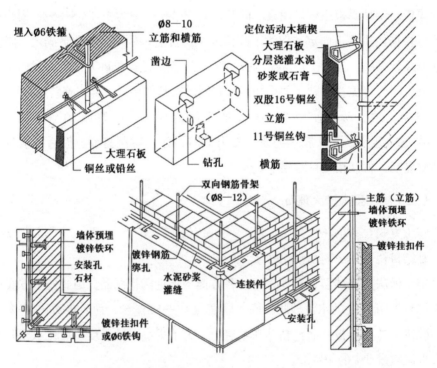

图 3-4-6　钢筋网捆扎丝挂贴法与钢筋网金属扣件钩挂法构造（单位：毫米）

木楔固定法，即在墙面预埋木楔，用捆扎丝固定石板，而后用大木楔塞在石板和基层之间，再灌浆，或者墙体内直接预埋 U 形钢钉，石板用钢钉固定，中间的缝隙灌浆。

注意事项：若粘贴多层石材，则每层距离上口 80—100 毫米时停止灌浆，留至上层时再灌，使上下连成整体。

（二）聚酯砂浆固定法构造

先用胶砂质量比为 1：（4.5—5）的聚酯砂浆固定板材四角和填满板材之间的缝隙，等待聚酯砂浆固化并能够起到固定拉紧作用以后，再进行灌浆操作。

注意事项：分层灌浆的高度每层不能超过 15 毫米，初凝后才能进行第二次灌浆。无论灌浆的次数及高度如何，每层板的上口都应留 5 厘米余量作为上层板材灌浆时的结合层。胶的掺入量应根据使用要求而定。

（三）树脂胶黏结法构造

基层需整洁、平整，将胶黏剂涂抹在石板背面的相应位置上，尤其是悬空的板材，用料必须饱满（饱满的标准可根据使用部位的情况决定，但必须能够粘牢）。先将带胶黏剂的板材粘贴在基层上，压紧，找平、找正、找直，而后用固定支架顶、卡固定。再将缝外的胶黏剂清理干净，待胶黏剂固化并将石板黏结得足够牢固后，将固定支架拆除。

（四）干挂法构造

1. 无龙骨做法（图 3-4-7）

在需要安装石材的基层部位预埋木砖、金属型材，而后在石板背面用云石机开槽，槽内涂胶，将石板固定在预埋件上；或者在墙面上打入膨胀螺栓，在石板上用电钻钻孔，然后用膨胀螺栓或金属型材卡紧固定。石板安装完成后，进行勾缝和压缝处理。

2. 有龙骨做法

龙骨即为钢筋网，做法与湿挂法相同，石板上开槽，与金属网之间采用铁钩连接。

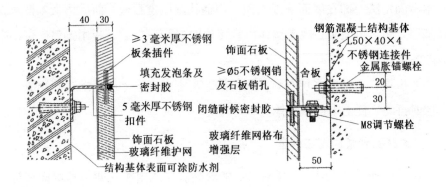

图 3-4-7　无龙骨做法构造（单位：毫米）

第五节　罩面板类墙面装饰构造

罩面板类墙体饰面，也叫作镶板类墙体饰面，是指以天然木板、胶合板、石膏板、金属薄板、金属复合板、塑料板、玻璃板及具有装饰吸声功能的面板，通过镶钉、拼贴等方式所制成的内墙饰面。

一、木质类罩面板墙饰面构造

木质类罩面板墙饰面的构造，总体可分为基本构造和细部构造两部分。

（一）木质类罩面板墙饰面的基本构造

木质类罩面板墙饰面的基本构造包括木质基层和饰面层。

1. 木质基层构造

作用：找平或造型，并使饰面层牢固地附着其上。

类型：木骨架基层、板材类基层、木骨架加板材类基层等。

构造做法：先将所有基层通常均需先在墙体内埋入木砖、木楔或胀管，而后通过钉或螺栓来连接。木骨架基层使用木方纵横交错制成，使其具有强度和平整度，木格的间距视面板规格而定；板材类基层是将具有一定厚度、表面平整的材料，例如多层胶合板、木工板、硬质纤维板、刨花板等直接与墙体固定；木骨架加板材类基层是先将木骨架固定在墙体上，再在木骨架上钉接基层板。

注意事项：有潮气的墙体应做防潮处理，木质基层与饰面层非连接表面须做防火处理。

2. 饰面层构造

作用：装饰、保护。

类型：各类装饰性面板。

构造做法：木质面板与基层可通过胶粘、钉接或胶粘加钉接以及螺栓直接固定等方式来连接。面板之间的缝隙处理方式包括密缝、离缝、压条、高低缝等。

（二）木质类罩面板墙饰面的细部构造

木质类罩面板饰面的细部包括上口、转角、踢脚板及阴、阳角。它们对整体装饰效果和使用质量有着重要的影响。

1. 上口及转角构造

木质类护壁与顶棚交接处的收口、木墙裙的上端以及转角处，一般宜做压顶或压条处理（图 3-5-1）。

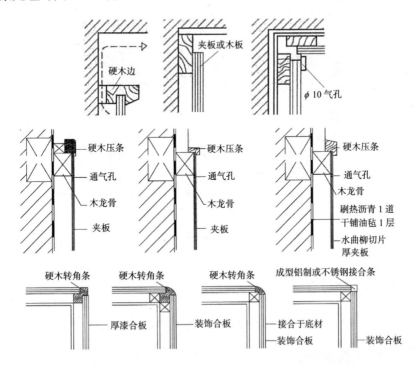

图 3-5-1　木护壁与顶棚交接处构造、木护壁上口构造、木护壁转角构造（单位：毫米）

2.踢脚板构造

踢脚板的处理（图3-5-2），主要有外凸式和内凹式两种。当护墙板与墙的距离较大时，宜用内凹式，且踢脚板与地面间宜平接。

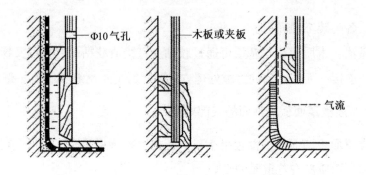

图3-5-2　踢脚板构造（单位：毫米）

3.阴、阳角构造

阴、阳角的处理（图3-5-3），可采用对接、斜口对接、企口对接、填块等方法。

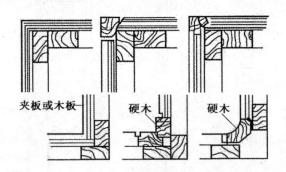

图3-5-3　阳角与阴角构造

二、硬木条和竹条墙饰面构造

硬木条和竹条墙饰面，是以硬木条和竹条为饰面材料制作的一类墙体饰面。

（一）硬木条饰面构造

硬木条墙面制作时与基层之间通常会预留一定的空隙形成空气层，或者使用玻璃棉、矿棉、石棉或泡沫塑料等吸声材料，一起形成具有吸声效果的墙体饰面。因此，木条的形状既要符合吸声要求，又要兼顾施工的便捷性。

硬木条饰面构造如图 3-5-4 所示。

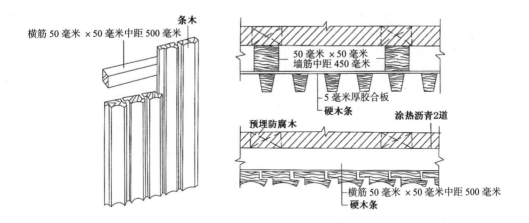

图 3-5-4 硬木条饰面构造（单位：毫米）

（二）竹条饰面构造

竹材表面光滑平整，其抗弯强度较高，而且有一定厚度的纤维束保护，不易变形或开裂。竹材的表面非常光滑和细腻，其在抗拉和抗压方面的性能都超过了普通木材，具有很好的韧性和弹性竹质坚韧、耐水湿、耐摩擦，是优良的室内装饰材料，也可作建筑材料用于建筑构件中。由于竹材易腐烂、易被虫蛀和易干裂，因此，材料在使用之前，应当对其进行防腐、防蛀和防裂的处理，例如涂抹油漆或桐油等。

对于竹条饰面，通常推荐使用直径一致的竹材，例如直径约为Φ20毫米的圆形或半圆形。较大直径的竹材可以被切割成竹片，然后取其竹青作为表面，按照预定的设计尺寸固定在木框上，并镶嵌在墙壁上。竹条饰面构造如图 3-5-5 所示。

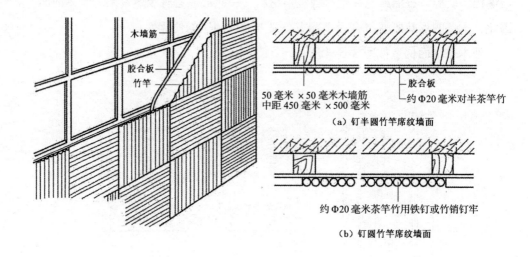

图 3-5-5　竹条饰面构造

三、金属薄板饰面构造

基层有木质和金属龙骨基层两种，基层不同，连接固定方式也不同。金属饰面板通常采用插接、螺钉连接或胶粘等方式与龙骨或基层板固定。

（一）铝合金饰面板饰面构造

根据表面处理方法的差异，铝合金装饰面板可以被分类为阳极氧化处理和涂层处理两种；基于其几何尺寸的差异，可以被分类为条形扣板和方形扣板。条形扣板的横条宽度不超过 150 毫米，而其长度则可以根据实际使用需求来确定。方形板的种类包括正方形板、矩形板以及异形板。为了增强板材的刚性，有时可以将肋条压出；为了保暖和隔音效果，可以将其断面处理成蜂窝状的空腔板材。铝合金饰面板饰面构造如图 3-5-6 所示。

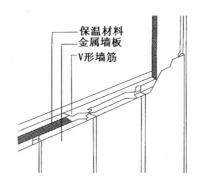

图 3-5-6　铝合金饰面板饰面构造

通常，铝合金装饰面板是安装在由型钢或铝合金型材组成的框架上的。由于型钢具有高强度、焊接简便、成本低廉和操作简单的特点，因此使用型钢作为框架的情况相对较多。

室内的铝合金装饰面板的连接方式通常是基于铝合金板材的压延、拉伸和冲压特性，制作出各种不同的形状，并将这些形状固定在专门设计的龙骨上。目前，常用的有普通铝合金板及不锈钢板两种。

（二）不锈钢饰面板饰面构造

不锈钢饰面板主要用于建筑物外墙装饰，具有美观、耐用、耐腐蚀等特点。根据其表面处理方法的不同，不锈钢饰面板可以分类为镜面不锈钢饰面板、压光不锈钢饰面板、彩色不锈钢饰面板以及不锈钢浮雕饰面板。

不锈钢饰面板与铝合金饰面板在结构上有许多相似之处。通常的方法是，骨架与墙体被固定在一起，然后使用木板或木夹板将其固定在龙骨架上，作为结合层，并将不锈钢饰面板嵌入或粘贴在这一结合层上。另一种方法是直接贴墙，无需使用龙骨，可以直接将不锈钢装饰面板粘贴到墙的表面。不锈钢饰面板饰面的构造如图 3-5-7 所示。

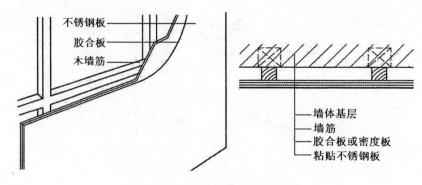

图 3-5-7　不锈钢饰面板饰面的构造

第六节　幕墙墙面装饰构造

幕墙是将金属构件与各种板材悬挂在建筑主体结构的外侧的一种轻质墙体，可相对主体结构有一定位移能力或自身有一定变形能力，但本身不承受其他构件的荷载。幕墙具有美观、体轻、工期短、便于维修等特点，还具备防风、保温、隔热、隔声、防火等功能，其缺点是造价高。

一、玻璃幕墙构造

玻璃幕墙是用玻璃为饰面材料。装饰效果好，重量轻（是砖墙重量的 1/10），安装速度快，更新维修方便。但也受造价高、材料及施工技术要求高、光污染、能耗大等因素的约束。

玻璃幕墙按构造可分为有框幕墙和无框（全玻璃）幕墙两种类型。有框幕墙又可分为明框幕墙、全隐幕墙和半隐幕墙；无框幕墙又可分为连接式、底座连接式、吊挂连接式等类型。有框玻璃幕墙一般由幕墙骨架、幕墙玻璃、封缝材料、连接固定件和装饰件等部分组成。

不同框架体系的玻璃幕墙及不同厂家生产的产品，做法也不同，下面介绍的仅为一些常见的构造。

（一）立面线型构造

玻璃幕墙的立面线型是由骨架和玻璃的缝隙形成的，与幕墙的装饰效果和材料的尺寸有关，因此，立面的划分不仅应考虑美观性，还应满足结构安装和施工的便利性。

玻璃幕墙施工时可以采取分件安装方法，将金属骨架、玻璃以及其他装饰件直接在现场进行组装；也可以采取成组安装方法，将金属骨架、玻璃以及一些必要的装饰件组成定型单元，而后将这些单元固定在主体结构上。不同的施工方法，立面的划分方式是不同的。除此之外，玻璃幕墙立面线型的划分还与建筑物的层高和进深有很大关系。如图 3-6-1 所示为一种常见的玻璃幕墙划分方式。

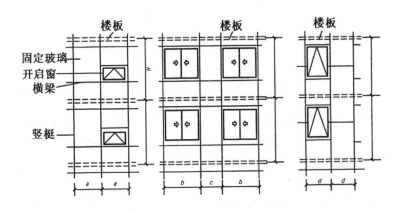

图 3-6-1　一种常见的玻璃幕墙划分方式

（二）玻璃与骨架连接构造

玻璃与骨架是两种不同的材料，若直接连接容易导致玻璃破碎，因此，它们之间必须嵌入弹性材料和胶结材料来增加弹性，以避免玻璃发生破损现象。一般采用塑料垫块、密封带、密封胶条等。但对于隐框式玻璃，则是使用结构胶使其与骨架粘贴固定的（图 3-6-2）。

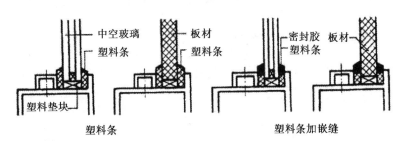

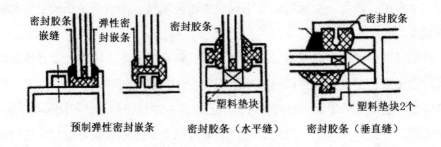

预制弹性密封嵌条　　密封胶条（水平缝）　　密封胶条（垂直缝）

图 3-6-2　玻璃与骨架连接构造

（三）骨架与骨架连接构造

玻璃幕墙包括竖向（竖梃）和横向（横梁）两种方向的骨架，两者之间通常采用角形铝铸件连接（图 3-6-3）。具体做法为将铸铁件与竖梃、横梁分别用自攻螺钉固定。较高的玻璃幕墙有横向杆件接长的问题，典型的接长方式是将角钢焊成方管插入立柱的空腔内，然后用 M12 毫米 ×90 毫米的不锈钢螺栓固定。

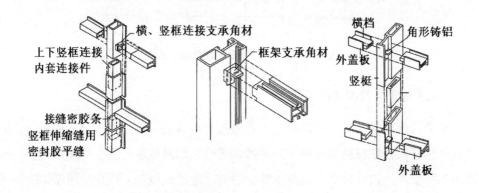

图 3-6-3　骨架与骨架连接构造

（四）骨架与主体结构连接构造

骨架与主体结构的连接主要依靠的是连接件。竖向骨架为主的幕墙，主骨架与楼板连接；横向骨架为主的幕墙，主骨架一般与柱子等竖向结构连接（图 3-6-4）。

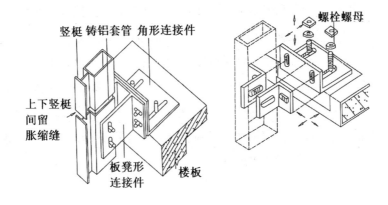

图 3-6-4　骨架与主体结构连接构造

（五）无骨架玻璃幕墙与主体结构连接构造

无骨架玻璃幕墙的支承系统分为悬挂式、支撑式和混合式三种：

第一种悬挂式：用上部结构悬吊下来的吊钩固定面玻璃和肋玻璃。

第二种支撑式：不采用悬挂设备，而是采用金属支架连接边框来固定玻璃。

第三种混合式：同时采用吊钩和金属支架连接边框来固定玻璃。

二、金属幕墙构造

金属幕墙采用铝合金和不锈钢等轻质金属作为饰面材料，具有光泽度高、效果丰富、硬度高、不易变形等特点。

金属幕墙一般由金属面板、金属连接件、金属骨架、预埋件及密封材料等组成。根据金属幕墙的传力方式，可将其分为附着式体系和骨架式体系两种。附着式体系则通过连接固定件，将金属薄板直接安装在主体结构上作为饰面。连接件一般使用角钢。骨架式体系是由金属薄板与主体结构通过骨架等支撑体系连接固定。

在金属幕墙的两种结构体系中，骨架式是较为常见的做法。在施工时，将幕墙骨架固定在主体结构的楼板、梁或柱等结构构件上，方法同玻璃幕墙，而后将金属薄板通过连接固定件固定在骨架上；也可以先将金属薄板固定在框格型材上，形成框板，再将框板固定在主骨架上。如图 3-6-5 所示，骨架式金属幕墙和隐框式玻璃幕墙各有特点和美感。金属幕墙通常具有坚固的结构和明显的线条感，为建筑赋予了现代感和工业风格；而隐框式玻璃幕墙则强调透明性和轻盈感，为建筑注入了空间感和现代氛围。将两者结合运用，不仅可以呈现丰富的视觉层次，还能展现出建筑立面的多样性和创意。然而，在将金属幕墙和玻璃幕墙结合时，色彩的协调至关重要。金属的色彩应与玻璃幕墙相互搭配，创造出和谐统一的外观。色彩的选择可以根据建筑整体设计风格和环境氛围来确定，既要考虑到建筑的外观效果，也要与周围环境相协调。

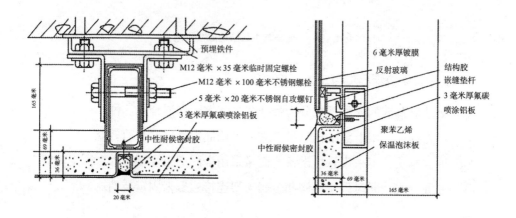

图 3-6-5　饰面铝板的连接固定构造、铝板幕墙与玻璃幕墙的接角构造（单位：毫米）

三、石材幕墙构造

石材幕墙是以天然石材或人造石材为面层板，在基层构件基础上形成的幕墙构造。石材纹理天然，可以塑造出与玻璃幕墙截然不同的装饰效果。石材幕墙耐久性较好，但自重大。

石材幕墙作为一种常见的建筑幕墙形式，其构成主要包括石材面板、不锈钢挂件、钢骨架、预埋件、连接件和石材拼缝嵌胶等多个组成部分。总体来说，石材墙板的安装可总结为有骨架体系和无骨架体系两种。有骨架体系是常在建筑主体结构上先做型钢骨架，再用连接固定件将墙板固定在型钢骨架上。适用于大面积墙体的安装。无骨架体系是墙板通过上下两端的预埋铁件直接与主体梁或楼板外口预埋铁件相连接，适用于小面积墙体的安装。

根据石材连接方式的不同，石材幕墙可分为短槽式、钢销式和背栓式等类型（图3-6-6）。

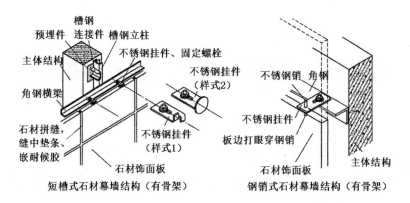

图 3-6-6 石材幕墙构造（单位：毫米）

第四章 室内顶棚装饰材料与构造

本章讲述了室内顶棚装饰材料与构造，分别是室内顶棚装饰概述、室内顶棚常用装饰材料、直接式顶棚装饰构造、悬挂式顶棚装饰构造、特殊顶棚装饰构造、顶棚特殊部位装饰构造。

第一节 室内顶棚装饰概述

室内吊顶是室内装饰处理的重要部位，通过对室内吊顶的处理，可以表现出空间的形状，可以实现空间的延伸和扩大，同时为人们提供多样化的视觉体验，起到引导和导向的作用。此外，室内吊顶具有保温、隔热、隔声和吸音的作用。

一、顶棚的功能

（一）装饰功能

顶棚是室内装饰的一个重要组成部分，它可以通过空间、光影、材质等多方面的设计渲染，为环境增添氛围和特色。顶棚装饰的处理方法会直接影响整个空间的感觉和氛围。一些设计可以通过顶棚的处理来扩大空间感，例如，利用高耸的天花板、明亮的颜色和光线等元素，营造出开阔、通透的空间感觉，让人感到舒适和自由。另一些设计则可以通过顶棚装饰来营造亲切、温馨和舒适的感觉，例如，建筑物大厅的顶棚，多运用高低错落的造型手法进行装饰，使用不同色彩、不同纹理和富于质感的材料，并配以高雅华丽的吊灯，以达到富于变化、豪华大气的装饰效果。

（二）使用功能

在处理顶棚时，必须综合考虑多个因素，包括室内装饰效果、艺术风格以及使用功能对技术的要求。其中，技术性能方面的考虑尤为重要，因为这些技术要求直接影响着室内环境的舒适性和使用效果。举例来说，照明是顶棚设计中至关重要的技术性能之一。不仅要考虑照明的亮度和均匀性，还需要结合整体装饰效果和功能需求，选择合适的灯具类型和布局方式。另外，通风、保温、隔热、吸声或反声等技术要求也必须在顶棚设计中得到充分考虑，以确保室内环境的舒适度和质量。此外，音响设备的设置以及防火性能也是处理顶棚时需要特别关注的技术要求。良好的音响效果可以提升空间的氛围和体验，而良好的防火性能则是保障室内安全的重要因素。因此，在设计和处理顶棚时，综合考虑室内装饰效果、艺术风格以及使用功能对技术要求是至关重要的，只有在这些因素充分考虑的基础上，才能实现一个既美观又实用的顶棚设计。

二、顶棚装饰设计要求

（一）空间舒适性

综合考虑室内空间的真实高度与功能，应合理地设置吊顶高度，选择恰当的材料，合理的色彩，满足人的生理及心理需求。

（二）防火阻燃性

顶棚上有些设备会散热，可能会造成火灾，故顶棚首先应选用防火材料或采取防火措施，且阻燃性能和耐火极限应满足防火规范要求；木质装修要注意刷防火涂料或阻燃材料。

（三）建筑物理条件

顶棚的装修设计和构造应充分考虑对室内光、声、热等环境的综合改善，以营造一个绿色、健康、舒适的室内空间环境。

（四）环保与安全性

由于顶棚位于室内空间的上部，且灯具、通风口、扩音系统是顶棚装修的有机组成部分，有时需上人检修，所以顶棚的装修构造应保证安全、牢固和稳定。同时，装饰材料在选用上还应该满足无毒害、无环境污染的"绿色"环保要求，不能对人体健康与环境造成危害。

（五）卫生条件

顶棚与墙面不同，由于其受清洗条件的限制，在进行顶棚的构造设计时，需注意避免大面积的积尘而导致难以清理的问题。

（六）满足自重轻、干作业、经济性

在进行顶棚设计时，要在满足安全稳固的基础上，降低顶棚自重，以减少其脱落的可能；还应经济合理。

第二节　室内顶棚常用装饰材料

一、龙骨材料

（一）铝合金材料龙骨

吊顶龙骨的材料对于室内吊顶装饰至关重要，其中铝合金经过电氧化处理后成为一种理想的选择。这种处理方式使铝合金的表面呈现出光亮的色泽和柔和的色调，不仅美观大方，还具有多重优点。其一，铝合金材料经过电氧化处理后具有不锈的特性，能够长时间保持良好的外观状态，不易生锈腐蚀，有较长的使用寿命。其二，铝合金质轻耐用，方便搬运和安装，减轻了施工过程的工作强度。其三，铝合金具有防火性能，可以有效提高室内空间的安全性，降低火灾风险。其四，铝合金材料还具有抗震性能，能够在地震等突发情况下提供较好的支撑和保护。其五，铝合金吊顶龙骨的安装相对简便，节约时间和人力成本，是一种高效率的选择。

（二）轻钢材料龙骨

轻钢龙骨作为一种重要的建筑材料，在室内装饰中发挥着重要作用。其优点有很多，首先，轻钢龙骨具有较高的强度，能够有效支撑和固定各种装饰板材，

保证室内装饰结构的稳固性和持久性。其次，轻钢龙骨的通用性强，可以搭配各种类型的石膏板、钙塑板、吸声板等进行装配，满足不同装饰需求，提供更多选择空间。再次，轻钢龙骨具有良好的耐火性能，能够在火灾发生时提供有效的防火保护，提高室内空间的安全性。最后，由于轻钢龙骨安装简易，施工效率高，节约时间和人力成本。因此轻钢龙骨受到了建筑行业的广泛青睐。

由于轻钢龙骨是建筑装饰中重要的材料之一，因而在其制造和质量控制方面有着严格的要求。首先，轻钢龙骨的外形必须平整，棱角清晰，切口不得存在影响使用的毛刺和变形，以确保安装时的稳定性和美观度。其次，轻钢龙骨的表面应进行镀锌处理以防止锈蚀，不允许出现起皮、脱落等现象，以保证其在使用过程中的耐久性和稳定性。此外，国家标准《建筑用轻钢龙骨》（GB/T11981—2008）也对轻钢龙骨的产品规格、技术要求、试验方法和检验规则进行了详细规定，为生产和质量监控提供了具体指导，确保产品达到标准要求，满足建筑装饰的需要。

（三）木材料龙骨

木龙骨目前仍然是家庭装修中常用的骨架材料。木龙骨俗称木方，主要是由松木、椴木、杉木等树木加工成截面长方形或正方形的木条。

根据使用部位划分，木龙骨可以分为吊顶龙骨、竖墙龙骨、铺地龙骨等。木龙骨最大的优点就是价格便宜且易施工。但木龙骨自身也有不少问题，比如易燃，易霉变腐朽等。在作为吊顶和隔墙龙骨时，需要在其表面再刷上防火涂料。在作为实木地板龙骨时，最好进行相应的防霉处理。

木龙骨选择要点如下：

第一，新鲜的木龙骨略带红色，纹理清晰；如果其色彩呈现暗黄色，且无光泽，则说明是朽木。

第二，看所选木方横切面的规格是否符合要求，头尾是否光滑均匀，不能大小不一。同时木龙骨必须平直，不平直的木龙骨容易引起结构变形。

第三，要选择节疤较少及较小的木龙骨。如果木节疤大且多，螺钉、钉子在木节疤处会拧不进去或者钉断木方，容易导致结构不牢固。

第四，要选择密度大、质地紧实的木龙骨。若是用手指甲抠，好的木龙骨不会有明显的痕迹。

二、吊杆

吊杆也是室内顶棚常用的装饰材料之一，它是连接吊顶部分与建筑结构的关键承重传力构件。吊杆能够承受吊顶所施加的荷载，并将这些荷载有效地传递至建筑结构中，确保吊顶的稳定性和安全性。除了承受荷载外，吊杆还具有调整空间高度的功能，以适应不同场合和艺术处理需求。通过调整吊杆的长度，可以灵活地改变吊顶的高度，实现空间的美学设计和功能需求的统一。

三、吊顶饰面材料

木龙骨吊顶是一种常见的室内装修材料，它在装饰和实用性方面都有很好的效果。其中，木龙骨吊顶的面层会直接影响到装饰的效果，常见的面层材料包括人造木板、板条抹灰层以及 PVC 扣板。

除木龙骨吊顶外，金属龙骨吊顶也是一种常见的室内装饰材料，其面层处理通常采用装饰吸声板和金属装饰板。这两种材料在提供装饰效果的同时，还具有良好的性能，能够有效改善室内空间的舒适度。

在室内装修中，饰面材料的选择和使用是至关重要的，不仅需要考虑材质，还需要考虑种类、规格、图案和颜色等因素，以满足设计要求并确保安全性。举例来说，对于玻璃面板，应选择安全玻璃或采取可靠的安全措施。安全玻璃具有较高的抗冲击性能，一旦破碎也不会形成尖锐的碎片，会减少人员受伤的风险。此外，在选择普通玻璃时，还需要采取额外的安全措施，如加装钢化膜或使用钢化玻璃，以提高其抗冲击性和安全性。

常用的植物板包括各种木条板、胶合板、装饰吸声板、纤维板、木丝板、刨花板等，矿物板包括石膏板、矿棉板、玻璃棉板和水泥板等；金属板包括铝板、铝合金板、薄钢板、镀锌钢板等；新型高分子聚合物板包括 PVC 板等。

各种板材在使用中要根据所用空间的功能要求来选择，不同空间对板材的要求有所不同，例如在居住区域，需要考虑板材的吸声和隔热性能，以提升室内环境的舒适度；而在公共场所或商业区域，除了吸声和隔热，还要考虑板材的防火性能，以确保建筑的安全性。以下介绍部分饰面板材。

（一）石膏板

石膏制品在室内装饰中扮演着重要的角色，其优点不言而喻。首先，石膏制品具有质量轻、强度高的特点，便于加工和施工，并且在使用过程中不会给建筑结构增加过重的负担。其次，石膏制品具有良好的防火性能，是一种优质的防火材料，能够有效地延缓火势蔓延，保障室内人员的生命财产安全。最后，石膏制品还具有很好的隔热、防潮和吸声效果，在改善室内环境舒适度方面发挥着积极作用。针对石膏装饰制品的具体应用，常见的包括装饰石膏板和石膏艺术装饰部件等。

1. 纸面石膏板

以石膏料浆为夹芯，两面用牛皮纸做护面而制成的一种轻质板材，按照使用功能纸面石膏板分为普通型、阻燃型和防潮型三种。纸面石膏板常见规格为长度1800—3300毫米，宽度900—1200毫米，厚度9—18毫米。其中，长度可根据需要而定，纸面石膏板的各项技术性能指标要求，按国家标准《纸面石膏板》（GB/T9775—2008）规定执行。

纸面石膏板的特点概括起来主要有以下几点：

第一，施工安装方便，节省占地面积。第二，耐火性能良好。第三，隔热保温性能好。第四，室温环境下膨胀收缩系数小。

2. 装饰石膏板

装饰石膏板是以纸面石膏板为基材，在其正面经涂敷、压花、贴膜等加工后，用于室内装饰的板材。一般为正方形，这种形状既简洁大方又便于安装。在选择装饰石膏板时，除了形状外，还需要关注其棱边断面形状。常见的棱边断面形状包括直角形和45°倒角形两种。

在设计和制作装饰石膏板时，需要关注石膏板正面的完美呈现，装饰石膏板的正面不能有任何影响装饰效果的缺陷，如气孔、污痕、裂纹、缺角、色彩不均和图案不完整等。这些缺陷会影响装饰效果的美观度和整体质量，因此在制作过程中需要严格控制质量，确保石膏板的正面无瑕疵。通常来说，装饰石膏板的表面具有细腻的质感，色彩、花纹图案多样。通过精细的工艺和模具制作，装饰石膏板可以呈现出各种美丽的纹理和图案。尤其浮雕板和孔板，它们具有立体感，可以在光线照射下产生阴影效果，增加空间的层次感和艺术感，给人一种清新柔和的感觉。基于以上特点，装饰石膏板成为室内装饰的理想选择。

3. 穿孔石膏板

穿孔石膏板作为一种轻质建筑板材，是通过在装饰石膏板或纸面石膏板这样的基板上设置孔眼而形成的。这种设计既美观又实用，给人一种轻盈、通透的感觉。穿孔石膏板不仅具有装饰效果，还具有一定的强度，能够满足建筑结构的需求。由于其轻质的特性，穿孔石膏板在加工和安装过程中非常方便，可以灵活应用于各种室内装饰项目中。

根据基板的不同以及是否有背覆材料，可将穿孔石膏板进行分类。其中，按基板的特性分类，可以分为普通板、防潮板、耐水板和耐火板等。普通板适用于一般室内装饰，具有良好的装饰效果和一定的强度；防潮板适用于潮湿环境，能够有效防止潮气对板材的侵蚀；耐水板则具有更强的防水性能，适用于需要长时间接触水的场所，如厨房、卫生间等；耐火板则具有优秀的耐火性能，可以有效延缓火灾蔓延，提高建筑的整体安全性。不仅如此，通过在石膏板表面设置不同尺寸和排列方式的孔眼，可以有效吸收环境中的声音，减少噪声传播，提高室内环境的舒适性。这种特性使穿孔石膏板广泛应用于音乐厅、录音棚、会议室、影院等需要控制噪声和改善音质的场所，同时也常用于办公室、学校等对静音要求较高的场所。

吸声用穿孔石膏板不应有影响使用和装饰效果的缺陷。以纸面石膏板为基板的板材不应有破损、划伤、污痕、纸面剥落等缺陷；以装饰石膏板为基板的板材不应有裂纹、污痕、气孔、缺角、色彩不均等缺陷。

（二）矿棉吸声板

矿棉吸声板是一种多功能建筑材料，其优良的吸声效果可以有效减少噪声传播，改善室内环境的舒适性。同时，矿棉吸声板具有良好的防火性能，能提高建筑物的安全性。此外，矿棉吸声板还具有较好的隔热性能，有助于调节室内温度，提高能源利用效率。矿棉吸声板不仅具有功能性，还在装饰效果上有很好的表现。它可以制成不同色彩和图案的立体形表面，为室内装饰增添美感和个性化元素，是高级室内顶棚装饰的理想选择。根据表面加工方法的不同，矿棉吸声板可分为普通型、沟槽型、印刷型和浮雕型四种类型的装饰板。普通型吸声板表面平整，适用于简约风格的装饰；沟槽型吸声板表面设计有凹凸不平的沟槽，可以增加视觉效果和空间层次感；印刷型吸声板则可以印刷各种图案和图画，丰富装饰效果；而浮雕型吸声板则通过立体浮雕工艺打造出立体感强烈的装饰效果，更具艺术感和立体感。常用规格有 300 毫米 ×300 毫米 ×18 毫米和 600 毫米 ×600 毫米 ×18 毫米。

矿棉吸声板主要用于工装，广泛应用于宾馆、饭店、餐厅、礼堂等的吊顶。因其强度不是很好，一般不用于隔墙。

（三）玻璃棉吸声板

玻璃棉装饰吸声板是一种以玻璃棉为主要原料，通过添加适量胶黏剂、防潮剂、防腐剂等，并经过热压成型加工制成的板材。这种装饰吸声板具有优异的吸声性能，能够有效地减少室内噪音，改善室内环境的舒适度。同时，由于玻璃棉吸声板采用了玻璃棉作为主要原料，该板材还具有良好的隔热性能。

任何一种多孔材料的吸声系数，一般随着厚度的增加而提高其低频的吸声效果，而对高频影响不大。但材料厚度增加到一定程度后，吸声效果的提高就不明显了，所以为了提高材料的吸声性能而无限制地增加厚度是不适宜的。常用的多孔材料的厚度为：玻璃棉、矿棉 50—150 毫米、毛毡 4—5 毫米、泡沫塑料 25—50 毫米。

（四）艺术装饰性石膏制品

艺术装饰性石膏制品是一种高雅的装饰材料，其制作过程十分精细：优先选用优质建筑石膏粉为主要原料，并加入纤维增强材料、胶黏剂等辅助材料，在与水的混合过程中形成均匀的浆料。随后，将这一浆料倒入具有各种造型、图案、花纹的模具中，通过硬化、干燥等工艺步骤，使之逐渐成型。最终，在脱模后，艺术装饰性石膏制品呈现出独特的艺术效果，充满了美感和设计感。这种装饰性石膏制品在室内装饰中扮演着重要角色，不仅可以作为天花板、墙面、柱子等部件的装饰，还可以用于雕花、浮雕、线条等细节处理，为室内空间增添精致和华丽的氛围。

1. 浮雕艺术石膏线角、线板和花角

浮雕艺术石膏线角、线板和花角作为吊顶装饰的理想选择，具有诸多优点，使其在高端场所的应用备受青睐：首先，其光洁表面、高雅颜色和清晰线条赋予了空间高贵的氛围和精致的外观，增强了装饰效果。其次，立体感和稳定尺寸使整体装饰更显立体感和稳定性，营造出优雅的空间氛围。最后，其高强度、无毒、防火的特点保障了室内环境的安全和健康。

除此之外，浮雕艺术石膏线角、线板和花角还具有施工方便的优势，可以快速、简便地安装，降低了施工成本和时间。这种装饰材料不仅适用于高档场所如宾馆、饭店、写字楼，还可用于居民住宅等不同类型的建筑，为空间增添独特的装饰效果和艺术氛围，满足人们对于高品质室内环境的需求。

2. 浮雕艺术石膏灯圈与灯饰

浮雕艺术石膏灯圈与灯饰的结合是一种绝妙的设计手法，它们相互烘托、相得益彰，共同为吊顶装饰带来独特的装饰氛围。一般情况下，石膏灯圈呈现出圆形板状，不过也可以根据需求定制成椭圆形或花瓣形，从而满足不同装饰风格的需求。石膏灯圈的直径范围很大，有很多种样式，而板厚一般在 10—30 毫米之间，这种多样性使得石膏灯圈在装饰中具有很大的灵活性。

不仅如此，将各种吊挂灯或吸顶灯与浮雕艺术石膏灯圈相结合，还能够营造出高雅美妙的装饰效果。通过灯光的照射和石膏灯圈的装饰，空间中的氛围会变得独具特色，让人仿佛置身于别具一格的意境之中。石膏灯圈的精美图案和灯饰的照明效果相互辉映，为整个空间增添了一份艺术感和温馨氛围，使人们可以在其中尽情享受美好时光。

3. 装饰石膏柱、壁炉

装饰石膏柱种类繁多，包括罗马柱、麻花柱、圆柱、方柱等多种形式，而柱的上、下端则通常配以精美的浮雕艺术石膏柱头和柱基，这样的搭配使得其在整体上看起来更加完整和具有艺术感。柱的高度和尺寸应根据室内的层高和面积大小而有所变化，确保与整体空间比例协调统一。当装饰石膏柱的身上布满纵向浮雕条纹时，这些条纹的设计不仅起到装饰作用，还能够在视觉上拉伸空间，营造出一种崇高的氛围。通过这种设计手法，室内的天花板和墙壁之间的垂直感会被进一步加强，让整个空间显得更加通透和宏伟。因此，选择合适的装饰石膏柱，配以精美的浮雕艺术石膏柱头和柱基，根据实际空间情况确定柱的高度和尺寸，并在柱身上增加纵向浮雕条纹等细节设计，能够为室内空间增添独特的美感和氛围。这样的装饰不仅仅是对空间的简单修饰，更是对建筑艺术和室内设计的体现，为居住者带来舒适、优雅的居住环境。通过精心打造每一个细节，装饰石膏柱成为室内空间中引人注目的艺术之处，为居室增添了独特的韵味和品位。

（五）金属材料

1. 铝合金穿孔（吸声）板

铝合金穿孔（吸声）板是采用铝合金板经机械冲孔而成的。其孔径为 6 毫米，孔距为 1014 毫米，孔形可根据需要冲成圆形、方形、长方形、三角形或大小组合型。

铝合金板穿孔后既突出了板材轻、耐高温、耐腐蚀、防火、防震、防潮等优点，又可以将孔形处理成一定图案，起到良好的装饰效果。同时，内部放置吸声材料后可以解决建筑中吸声的问题，是一种兼有降噪和装饰双重功能的理想材料。

铝合金穿孔板主要用于影剧院等公共建筑，也可用于棉纺厂车间等噪音大的场所、各种控制室、电子计算机房的天棚或墙壁，以改善音质。

2. 铝合金波纹板、压型板

纯铝或防锈铝经过波纹机轧制加工，制成铝及铝合金波纹板，通过压型机压制形成的铝及铝合金压型板，是当前建筑设计师和业主们的首选材料之一。它们具有质量小、外形美观、经久耐用、耐腐蚀、安装容易、施工进度快等优点，尤其是通过表面着色处理可得到各种色彩的波纹板和压型板，其主要用于墙面和屋面的装饰装修。

3. 铝合金天花板

铝合金天花板由铝合金薄板经冲压成型，具有轻质高强、安装简便等优点，是目前国内外流行的装饰材料。

铝合金天花板的规格和形状多种多样。例如，明架铝质天花板，常用规格有 600 毫米 × 600 毫米，400 毫米 × 1200 毫米的有孔、无孔板；暗架铝质天花板，常用规格有 600 毫米 × 600 毫米、500 毫米 × 500 毫米、300 毫米 × 300 毫米的平面、冲孔立体、菱形、圆形和方形板。

（六）复合材料

复合材料是用两种或两种以上不同性能、不同形态的组分材料通过复合手段组合而成的一种多相材料。相对于传统装饰材料，复合材料具有耐腐蚀、隔热、耐磨、强度高、制造成本低等特点。以下介绍两种复合材料：

1. 铝塑复合板

铝塑复合板是由铝、塑板和涂料复合而成的新型材料，是近年来发展最快的建筑装饰材料之一，它广泛应用于吊顶装饰、门窗和内外墙装饰。铝塑复合板具有诸多优点：首先，它外观美观，经久耐看，颜色持久不褪，可以满足建筑装饰对外观要求的同时保持长期美观。其次，铝塑复合板质轻但强度高，不仅方便施工安装，还能够确保建筑物的结构稳固和安全。再次，铝塑复合板适温性强，不易受环境影响而产生变形或开裂，能够保持稳定的形态。最后，铝塑复合板隔音效果也非常显著，可以有效减少外部噪音的干扰，提升室内舒适度。

2. 塑料复合钢板

塑料复合钢板是一种将软质或半软质聚氯乙烯膜覆盖在 Q215、Q235 钢板上的材料，聚氯乙烯膜的厚度通常在 0.2—0.4 毫米之间。在交通运输和生活用品领域，比如汽车外壳和家具生产中，塑料复合钢板得到了广泛的应用。而在建筑领域，塑料复合钢板仍然占据着约 50% 的市场份额，主要用于墙板、顶棚和屋面板的制作。

第三节　直接式顶棚装饰构造

一、直接式顶棚的特点

直接式顶棚是在屋面板或楼板上直接抹灰，或固定格栅，然后再喷浆或贴壁纸等而达到装饰目的。

直接式顶棚结构简单，层厚度小，可最大程度利用空间；材料用量少，施工方便，造价低廉。这种设计可以有效减少层厚度，增加使用空间，并且能够充分利用建筑物的内部空间。然而，直接式顶棚也有局限性，例如，无法提供内部空间以隐藏管线和设备，对于小口径管线，需要预埋在楼屋盖结构或构造层内，而对于大口径管道，则无法进行隐蔽处理。因此，直接式顶棚适用于那些不需要复杂管线系统和内部设备隐藏的场合。在需求相对简单的场景下，直接式顶棚以其简单、经济的特点，能够满足基本的建筑要求，并且在施工过程中也更为便利。

二、直接式顶棚的材料

直接式顶棚的可选材料有以下几个种类：

（一）各类抹灰

纸筋灰抹灰、石灰砂浆抹灰、水泥砂浆抹灰等。

（二）涂刷材料

石灰浆、大白浆等。用于一般房间。

（三）壁纸等各类卷材

墙纸、墙布、其他织物等。用于装饰要求较高的房间。

（四）面砖等块材

常用釉面砖。用于有防潮、防腐、防霉或清洁要求较高的房间。

（五）各类板材

胶合板、石膏板、各种装饰面板等。用于装饰要求较高的房间。

（六）各类线脚

石膏线条、木线条、金属线条等。

三、直接式顶棚的类型

（一）直接式抹灰顶棚构造

在楼板下和屋面的内表进行直接抹灰的做法通常包括以下步骤：先在楼板或

屋面的内表面刷一遍墙锢，再用石膏调制的腻子或成品腻子将底部刮平，表面可以喷涂各种内墙涂料、裱糊各类壁纸、壁布等。

在装饰要求较高的房间中，为了提高抹灰层的牢固度和平整度，先在表面通常需要增设一层钢板网，然后再进行抹灰处理。这种做法可以有效增强抹灰层与基层之间的黏结力，同时还能够减少抹灰层的开裂和变形情况，确保装修效果更加持久和美观。对于直接式抹灰顶棚的中间层和面层构造，其做法与内墙面抹灰的构造方法相同（图 4-3-1）。

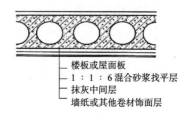

楼板或屋面板
1：1：6 混合砂浆找平层
抹灰中间层
墙纸或其他卷材饰面层

图 4-3-1　直接式抹灰顶棚的基本构造

基层处理：为了确保顶棚层与基层的牢固结合，通常需要对基层进行适当的处理。在顶棚基层和楼板底面上涂抹纯水泥浆，这样可以确保抹灰层与基层之间有良好的粘合效果，从而提高整体的结构稳定性和耐久性。对于一些要求更高的情况，例如装饰要求较高或者需要承重的场合，可以考虑在底板上增加一层钢板网，以进一步提高抹灰层的强度和基层与面层的结合牢固度，从而满足特殊场合的需求。

底层：混合砂浆找平。

中间层及面层：做法与墙面装饰技术相同。

（二）喷刷类顶棚构造

喷刷类顶棚是一种在上部屋面或楼板的底面上直接用浆料进行喷涂形成的装饰方式（图 4-3-2）。这种装饰方法可以有效地提高施工效率和美观度，因而广泛应用于建筑装修领域。常用的喷刷类顶棚材料包括石灰浆、大白浆、色粉浆、彩色水泥浆、可赛银等，这些材料具有不同的特点和适用范围，可以根据装修需求和风格选择合适的材料进行喷涂施工。喷刷类顶棚主要用于一般办公室、宿舍等建筑。

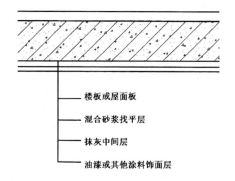

图 4-3-2　喷刷类顶棚的基本构造

基层处理：在屋面板或楼板的底面上先做抹灰。

底层：混合砂浆或腻子找平。

中间层及面层：可参照涂刷类墙体饰面的构造。

（三）裱糊类顶棚构造

在设计小面积且需要高度装饰的房间时，一种有效的方法是直接贴壁纸、贴壁布或其他织物来装饰顶棚（图 4-3-3）。这种做法特别适用于那些对装饰有较高要求的建筑空间，例如宾馆客房、住宅卧室等。通过选择合适的墙纸或织物，可以为房间增添独特的风格和氛围，提升整体装饰效果。这种顶棚装饰方式不仅可以有效利用空间，还能为房间营造温馨舒适的氛围，让居住者感受到舒适和温馨。

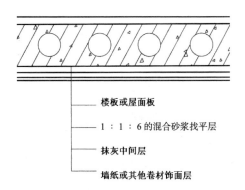

图 4-3-3　裱糊类顶棚的基本构造（单位：毫米）

基层处理：凡具有一定强度、表面平整光洁、不疏松掉粉的基层，都可以作为裱糊类顶棚的基层。基层表面应垂直方正，平整度符合规定。

底层：用具有一定强度的腻子找平，如聚乙酸乙烯乳液滑石粉腻子、石膏油腻子等。

中间层及面层：胶黏剂及面材。

（四）直接式装饰板顶棚构造

直接式装饰板顶棚是一种常见的装饰方法，它的特点是将装饰板直接粘贴在经过抹灰找平处理的顶板上（图4-3-4）。常用的装饰板材包括胶合板、石膏板等。这些板材具有良好的装饰效果和较高的耐久性，适用于各种装饰要求较高的建筑，例如高档宾馆、豪华住宅等。在这些场所中，顶棚的装饰往往要求精细、考究，直接式装饰板能够满足这些要求，并为房间带来独特的装饰效果。

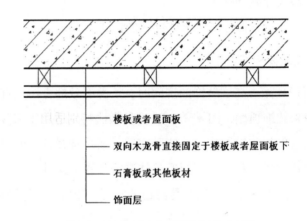

楼板或者屋面板

双向木龙骨直接固定于楼板或者屋面板下

石膏板或其他板材

饰面层

图4-3-4 直接式装饰板顶棚的基本构造

基层处理：整洁、平整，无污物。

中间层：在安装吊顶时，首先，需要固定主龙骨，可以采用射钉固定、胀管螺栓固定或埋设木楔固定等方法，不同的固定方法适用于不同类型的吊顶材料和设计要求，在施工前需仔细评估并选择最合适的固定方案。其次，通过胀管螺栓或射钉将连接件固定在楼板上，然后将主龙骨与连接件连接。对于轻型吊顶，还可以使用冲击钻打孔、埋设锥形木楔的方法进行固定。最后，需要固定次龙骨，将其钉在主龙骨上，并且间距应根据面板尺寸来确定。

面层：面板钉接在次龙骨上。

（五）直接贴面类顶棚构造

在上部屋面板或楼板的底面上，直接粘贴面砖等块材、石膏板或条，即"直接贴面类用顶"。这类顶棚主要用于装饰要求较高的建筑。

基层处理：方法同直接抹灰、喷刷类、裱糊类顶棚。

中间层：保证必要的平整度对于顶棚装修非常重要。如果基层表面存在凹凸不平或者不平整的情况，将会对后续的装修工作产生不利影响。因此，为了保证必要的平整度，选择5—8毫米厚的水泥石灰砂浆是一种常见的做法。通常，根据基层的实际情况，施工人员会将水泥、石灰和砂浆等原材料按照一定比例混合制成砂浆，然后使用工具将其均匀地涂抹在基层表面，形成一个平整的层面。这样可以填平基层表面的凹凸不平，使其平整度达到所需的要求。

面层：面砖同墙面装饰构造；石膏板或条需在基层上钻孔；埋木楔或塑料胀管；在板或条上钻孔，最后用木螺栓固定。

（六）结构顶棚构造

结构顶棚就是利用楼层或屋顶的结构构件直接作为顶棚装饰的装饰手法。通过充分利用屋顶结构构件，如梁柱、横梁等，设计师可以在顶棚上创造出丰富多样的形态和结构，使整个空间看起来更加立体和具有层次感。同时，结合照明、通风、防火和吸声设备，可以为顶棚增添功能性，提升空间的舒适度和安全性。这种设计特别适用于体育馆、展览厅等大型公共性建筑。在这些场所，顶棚往往是整个空间的视觉焦点，起着连接地面和天空的作用。通过精心设计的结构顶棚，可以营造出宏伟壮观的空间氛围，吸引人们的注意力，增强空间的氛围感和气派感。

第四节　悬挂式顶棚装饰构造

悬挂式顶棚，按材料不同可分为木龙骨架胶合板顶棚、轻钢龙骨纸面石膏板顶棚、铝合金龙骨矿棉吸音板顶棚等。

一、木龙骨架胶合板顶棚构造

木龙骨架胶合板顶棚是一种传统而经典的顶棚装修形式，其结构简单而实用，整体由吊杆、主龙骨、次龙骨和胶合板组成，每个部分都承载着重要的角色。吊杆是连接顶棚与屋顶的支撑元件，主龙骨则起到承重和支撑作用，次龙骨则用于固定和支撑胶合板，而胶合板作为顶棚最外层的装饰面材，不仅美观大方，还具有一定的防火和隔热功能（图4-4-1）。

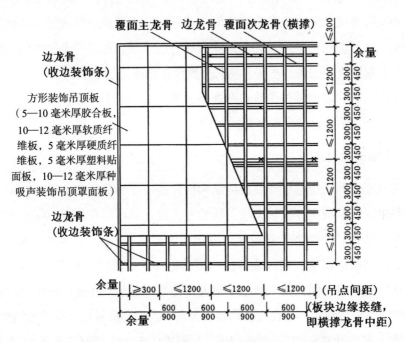

图 4-4-1　木龙骨架胶合板顶棚构造（单位：毫米）

（一）木龙骨吊点的设置和固定

1. 吊点设置

在普通平面顶棚的木龙骨架结构中，吊点的布置密度非常关键。一般来说，以每平方米1个吊点进行布置能够保证顶棚的稳固性和安全性。这种布置方式不仅能够满足结构上的要求，还能够保证顶棚的整体美观性。对于有叠级造型的吊顶木龙骨架，吊点的布置需要考虑高低错落的交界处，在这些区域，吊点的间距通常为0.8—0.9米，这样的布置方式可以使吊顶结构更加稳固，并且能够保持整体造型的连贯性和美观性。而对于较大的灯具和其他较重的吊挂设施必须单独设置吊点进行悬吊。这是因为这些设施通常具有较大的重量，需要额外的支撑来确保安全。单独设置吊点可以有效地分担重量，避免对整个结构造成过大的负荷。

2. 吊点固定

在建筑结构中，吊点与结构的牢固固定是确保整体安全性和稳定性的关键环节。通常情况下，膨胀螺栓和射钉是常用的结构固定元件，它们能够有效地将吊点与建筑结构紧密连接在一起。通过使用这些紧固件，可以确保吊点在受力情况下不会松动或脱落，从而提高整体结构的承载能力和安全性。此外，根据规范要求，膨胀螺栓或射钉的固定数量至少需要两个。这样设计的初衷是增加固定点的稳定性，分担承载压力，避免单一固定点承受过大的荷载而导致失稳，而且通过多个固定点的设置，可以有效地提高吊点与结构之间的连接强度和耐久性。

（二）吊杆的选定

在选择吊杆时，根据不同的情况和要求，通常会采用不同材质和规格的吊杆。对于木吊杆，一般会选择截面为 50 毫米 ×50 毫米或 40 毫米 ×40 毫米的规格，这样能够保证其承载能力和稳定性，同时也符合美观和实用的考量。对于金属吊杆，常见的材料包括圆钢、角钢、镀锌铁丝等，它们在不同类型的吊顶中会有不同的选择标准。例如，在轻型吊顶中，通常会选用直径为 6 毫米的圆钢吊杆，在中型和重型吊顶中则会选用直径为 8 毫米的圆钢吊杆。这样的选择考虑了吊顶的承重情况，以及对吊杆强度和稳定性的要求，能够确保吊顶系统的安全可靠运行。然而，在一些特殊要求的设计情况下，需要经过结构设计和计算来确定合适的吊杆尺寸（图 4-4-2）。

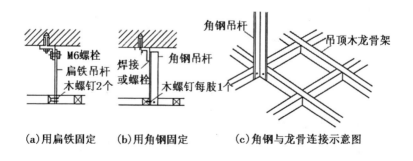

(a)用扁铁固定　　(b)用角钢固定　　(c)角钢与龙骨连接示意图

图 4-4-2　吊杆与龙骨连接构造

（三）木龙骨的选定

木龙骨通常分为主龙骨和次龙骨两种类型。它们的截面形式通常为方形或矩形，这种形式能够提供足够的承载能力和稳定性，同时也便于安装和连接。根据设计要求确定龙骨的规格十分关键，如果设计文件未明确规定，一般的选择标准如下：主龙骨一般选用50毫米×70毫米或50毫米×100毫米的规格，以满足吊顶的承重需求；次龙骨则选用50毫米×50毫米或40毫米×（40—60）毫米的规格，用于支撑面板和增加整体结构的稳定性。

龙骨之间合适的间距能够有效分担荷载并保证吊顶的平整度和稳定性，主龙骨的间距通常在600毫米到1000毫米之间，这取决于吊顶的具体设计要求和承重情况，而次龙骨的间距则根据次龙骨截面尺寸和面板规格来确定，一般在400毫米到600毫米之间，以确保面板的支撑和整体结构的均衡负荷。

在连接方式上，龙骨通常采用槽口拼接的方式，这种连接方式简单可靠，能够有效地保持龙骨之间的连接紧固，同时也便于安装和调整。通过合理选择木龙骨的规格、间距和连接方式，可以确保吊顶结构的稳定性和安全性，满足设计要求并提升施工效率。

（四）面层的处理

在木质悬吊式顶棚的设计中，为了确保顶棚面层的平整度和稳定性，通常会选择适当加厚的胶合板作为基层材料。一般来说，会选择4毫米加厚的三层木胶合板或五层木胶合板作为基层材料，这样的选择主要是为了减少顶棚吊顶的局部变形量，确保整个顶棚结构的平整度和稳定性。

1. 木胶合板的布置与钉接

布置方法有两种：一种是整板居中，分割板布置在两侧；另一种是整板铺大面，分割板归边。使用电动或气动打钉枪，采用长度为15—20毫米的钉枪钉。

2. 饰面处理方式

主要有涂料涂饰、裱糊等。

（五）木龙骨吊顶的构造

1. 单层骨架的构造

在吊顶的设计中，边龙骨是非常重要的组成部分，它通过预埋件或木楔圆钉法固定，与主、次龙骨构成骨架覆面层，起着连接和支撑的作用。一般来说，边龙骨的间距通常设定在 500—800 毫米之间，这个间距的合理选择能够有效地保证吊顶结构的稳定性和均匀性（图 4-4-3）。

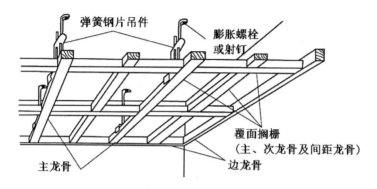

图 4-4-3　单层骨架的构造

2. 双层骨架的构造

在双层骨架的吊顶中，主龙骨与吊杆相连在上方，而覆面则由次龙骨组成的格栅在下方构成。将承载主龙骨与吊杆连接在上方是为了确保吊顶结构的牢固性和稳定性，能够承受各种荷载，并保持吊顶的整体平整度。而由次龙骨组成的格栅则在下方形成了吊顶的覆面，起到装饰和遮挡作用，使整体吊顶看起来更加美观和统一。同时，还可以通过加装天花阴角装饰线条，从而有效地修饰吊顶面的边缘，使之更加精致和有层次感。这样的设计不仅能提升空间的装饰效果，还能为整体室内环境增添一份雅致和品位（图 4-4-4）。

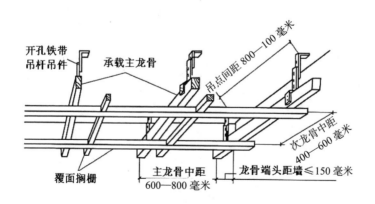

图 4-4-4　双层骨架的构造

二、轻钢龙骨纸面石膏板顶棚构造

轻钢龙骨纸面石膏板顶棚是以轻钢龙骨主件与配件组成骨架，通常以金属杆件为吊杆，以石膏板等板材为面板所组成的顶棚。

（一）UCL 轻钢龙骨纸面石膏板顶棚

1. 吊点的固定

吊点（吊筋与顶板的连接）的构造方法。一般采用膨胀螺栓或射钉枪固定铁件，吊杆与铁件通过勾挂或焊接连接。

2. 吊杆的设置

吊顶荷载的大小是决定吊杆截面尺寸的主要因素。不上人吊顶吊杆可选用 p6 钢筋，上人吊顶通常选用与龙骨配套的标准配件。如不选用标准配件，可用 φ8 钢筋。如荷载较大，则需经过结构计算确定吊杆断面。上人吊顶的吊杆间距为 1000—1200 毫米，无主龙骨不上人吊顶吊杆间距为 800—1000 毫米。主龙骨端部距离第一个吊点不超过 300 毫米，否则应增设吊点，以免主龙骨变形。

3. 龙骨的组合

轻钢 U 形龙骨通常被用作承载龙骨，其设计结构能够承担主要受力，确保吊顶整体结构的稳固和安全。C 形龙骨则通常被用作覆面龙骨，其特殊形状设计适合固定吊顶饰面板，起到连接和支撑的作用。另外，L 形龙骨通常被用于吊顶的边部处理，其设计结构能够有效固定吊顶边缘，使吊顶整体更加完整和稳定。因此，在吊顶设计中，合理选择和搭配不同类型的龙骨，充分发挥它们各自的功能特点，能够为吊顶结构提供更好的支撑和装饰效果（图 4-4-5）。

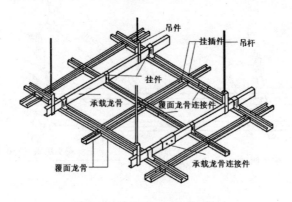

图 4-4-5　U 形轻钢龙骨吊顶

4.龙骨的布置

用主龙骨吊件将主龙骨固定在吊杆上,用次龙骨吊件将次龙骨挂在主龙骨上。在安装纸面石膏板时,为了确保石膏板的稳固性和平整度,次龙骨的间距不应该超过600毫米。通过适当密集的次龙骨设置,可以有效减少石膏板的变形和开裂情况,提升整体吊顶结构的质量和耐久性。而在南方或潮湿地区,由于气候湿润,建筑材料容易受潮发霉,因此次龙骨的间距应该控制在300毫米以内,这样可以降低石膏板受潮变形的风险,从而延长吊顶的使用寿命。在同一平面内次龙骨与垂直方向横撑之间,用平面连接件连接(图4-4-6和图4-4-7)。

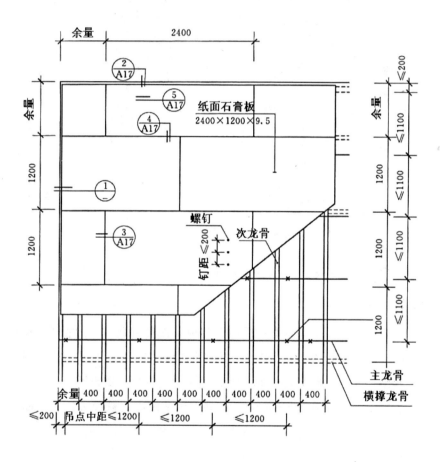

图 4-4-6　轻钢龙骨吊顶平面图(单位:毫米)

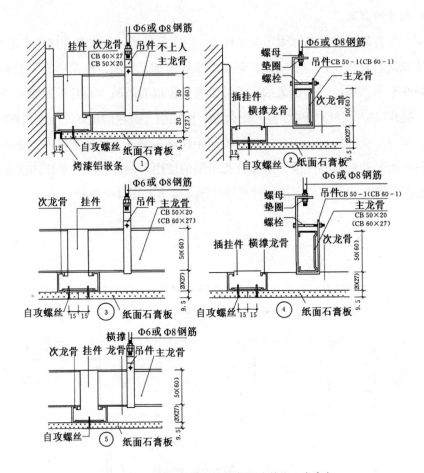

图 4-4-7　轻钢龙骨吊顶细部图（单位：毫米）

5. 面板安装

吊顶饰面一般采用 9 毫米厚的纸面石膏板。在安装纸面石膏板时，根据规范要求，纸面石膏板的长边应该沿纵向次龙骨铺设，这样可以有效减少板材之间的接缝，提升吊顶的平整度和美观度。之后要使用自攻螺钉进行固定，固定位置也需要注意，距离包封边应保持在 10—15 毫米的范围内，确保固定牢固而不影响石膏板表面的整洁。钉距以 150—170 毫米为宜，螺钉应与板面垂直。

6. 面板拼缝处理

为了防止纸面石膏板在对其进行进一步涂饰、裱糊时拼缝处开裂变形，面板拼缝处要进行处理。面板与面板拼缝处应采用端头打坡，刮涂腻子嵌缝，并贴穿孔纸带。如果不进一步处理直接饰面，可采用伸缩缝配件拼缝（图 4-4-8）。

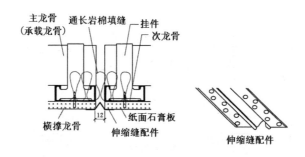

图 4-4-8　伸缩缝配件（单位：毫米）

7. 双层罩面板的耐火吊顶

采用双层耐火纸面石膏板作为轻钢龙骨吊顶的封闭式罩面，其耐火极限可达 1 小时以上。在设置第二层板材时应注意：第一层板采用 M3.5 毫米 ×25 毫米自攻螺钉固定，并用嵌缝石膏腻子将缝隙嵌平。第二层板与第一层板的长边板缝至少错开 300 毫米，短边与第一层板的短边板缝相互错开的距离至少是相邻两根 C60 覆面龙骨的中距，并采用 M3.5 毫米 ×35 毫米自攻螺钉（图 4-4-9 和图 4-4-10）。

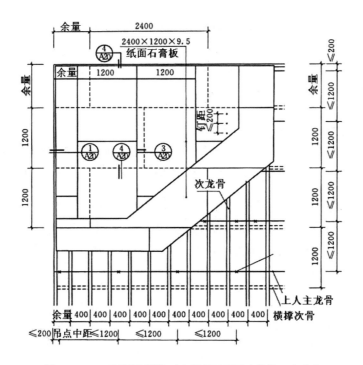

图 4-4-9　双层罩面板的耐火吊顶平面图（单位：毫米）

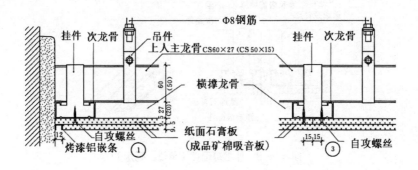

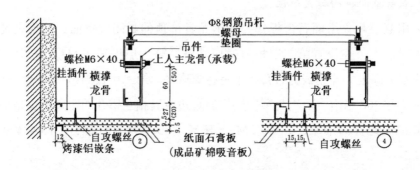

图 4-4-10　双层罩面板的耐火吊顶细部图（单位：毫米）

（二）V 形轻钢龙骨纸面石膏板顶棚

V 形龙骨又叫 V 形卡式龙骨顶棚，其具有诸多优势。首先，其采用自接式连接方式，无须额外附接件，安装简便，操作便捷。这不仅减少了材料和人工成本，还节省了施工时间，提高了施工效率，特别适合工期较为紧迫的项目。其次，V 形龙骨的结构设计使得各个龙骨之间自然连接，形成稳固的整体结构，具备较强的承重能力和稳定性。这种设计不仅简化了施工流程，还能有效降低吊顶结构的材料消耗，提升了整体施工质量。另外，V 形龙骨的采用也符合可持续发展的理念，因为它减少了对额外附接件的需求，可以降低材料浪费，有利于资源的合理利用和环境保护（图 4-4-11）。

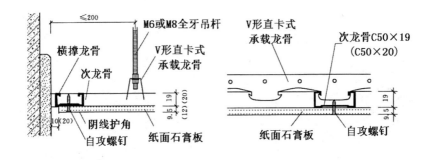

图 4-4-11　V 形轻钢龙骨纸面石膏板顶棚（单位：毫米）

三、铝合金龙骨矿棉吸音板顶棚构造

铝合金龙骨的基本断面形状为 T 形，由 T 形龙骨变形的产品有 H 形、Y 形、Z 形等，但并未脱离 T 形的基本形状和应用技术，这些略微变形的铝合金龙骨，有利于安装饰面板以及使吊顶面具有多变的线型或立体效果。

固定吊杆：根据规范要求，固定吊杆时需要将膨胀螺栓预埋在楼板结构层内，并与吊杆连接。通过这种方式，可以确保吊杆与楼板结构层紧密连接，提供足够的支撑力，保证吸音板顶棚整体的稳定性和安全性。一般情况下，吊杆选用 φ6—8 的钢筋或镀锌铁丝，这些材料具有较强的承重能力和耐腐蚀性能，能够满足顶棚结构的要求。此外，根据规范的规定，吊杆之间的距离通常应保持在900—1200 毫米的范围内，这样可以均匀分布支撑力，提高顶棚结构的稳定性和均衡性。

安装龙骨：在安装龙骨时，次龙骨要与主龙骨十字交叉紧贴并进行牢固连接。这种方式可以提供较强的承重能力，保证吊顶结构的稳定性和安全性。同时，在安装过程中还需要留出灯孔、排风口、冷暖风口等位置。这样可以方便后续的灯具、通风设备等的安装和使用，满足各种功能需求。此外，在次龙骨的周围还需要增加横支撑和吊杆，横支撑和吊杆的设置可以有效分散和承担吊顶的荷载，避免次龙骨的变形或松动，并提供更均匀的支撑力（图 4-4-12）。

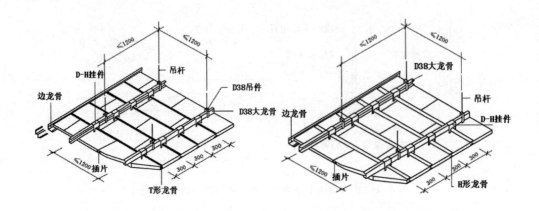

图 4-4-12　暗架矿棉板 T 形和 H 形龙骨吊顶透视图（单位：毫米）

安装矿棉板：在进行矿棉板安装时，有三种常见的安装方式：直接平放法（明架龙骨）、企口嵌装法（暗架龙骨或半暗架龙骨）和粘贴法。每种方式都有其独特的特点和适用场合（图 4-4-13）。

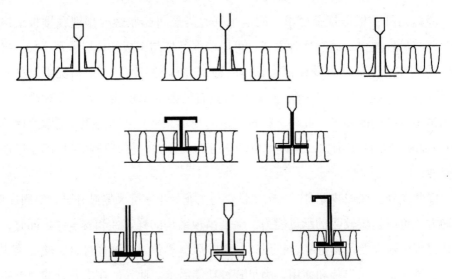

图 4-4-13　明式、暗式、跌级式粘贴

（一）直接平放法（明架龙骨）

这种安装方式是将矿棉板直接放在 T 形龙骨架上，通过搭接或固定方式进行固定。这种方式施工简单，适用于要求不高的场所，如地下室、车库等。

（二）企口嵌装法（暗架龙骨）

这种安装方式是将矿棉板嵌入暗架龙骨或半暗架龙骨之间，使板材表面与龙骨齐平。这种方式可以隐藏主要的安装结构，美观性更好，适用于一些要求较高的场所，如办公室、商业空间等。

（三）粘贴法

这种安装方式是将矿棉板直接粘贴在墙面或吊顶上，通常使用专用的黏合剂来固定。这种方式适用于一些特殊场合，如曲面墙体或要求防火、隔音等特殊性能的场所。

第五节　特殊顶棚装饰构造

一、软膜天花吊顶

"软膜天花吊顶始创于 19 世纪的瑞士，1995 年引入中国"[1]，是使用软膜天花作为材料的吊顶，具有造型随意、多样化、安装快捷、颜色多样、不易沾尘、不易结露、可减轻因漏水而造成的损害等特殊性（图 4-5-1）。

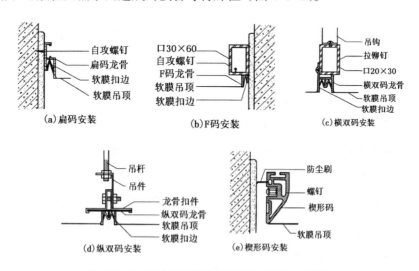

图 4-5-1　软膜天花吊顶连接构造（单位：毫米）

---

① 杜雪，甘露，张卫亮 . 室内设计原理 [M]. 上海：上海人民美术出版社，2017：55-75.

二、开敞式顶棚

开敞式顶棚构造的饰面是敞开的，它的艺术效果是通过特定形状的单元体与单元体巧妙地组合，产生单体构成的韵律感，从而收到既遮又透的独特效果。

开敞式顶棚的上部空间处理对于装饰效果影响很大，因为吊顶是敞口的，上部空间的设备、管道及结构往往是暴露的，影响视觉效果，目前比较常用的办法是用灯光的反射，使其上部发暗，或按设计要求处理。

（一）单体构件

组成顶棚的单体构件从材料来分，有木结构单体、金属结构单体、灯饰结构单体和塑料结构单体等。以木结构单体、铝合金结构单体最为常用。

1. 木结构单体

木结构单体所使用的木质材料的品种，可以是原木锯材，也可以是胶合板、大芯板、防火板及各种新型木质材料。木结构单体构件有单板方框式、骨架单板方框式和单条板式三种（图 4-5-2）。

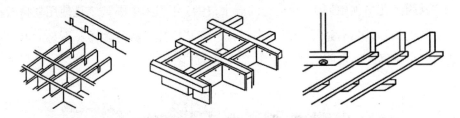

图 4-5-2　单板方框式、骨架单板方框式和单条板式

单板方框式：这种构件通常由宽度在 120—200 毫米、厚度在 9—15 毫米的木胶合板拼接而成。为了确保构件的稳固连接，通常会在板条之间设计凹槽，通过这些凹槽实现板条的插接连接。凹槽深度为板条宽度的一半，板条插接前应在槽口处涂刷白乳胶。

骨架单板方框式：这种构件首先利用方木框骨架片构建一个坚固的骨架结构，然后根据设计要求，对厚木胶合板进行加工，并将其与木骨架进行固定组合。

单条板式：单条板式是用实木或厚木胶合板加工成木条板，并在上面按设计要求开出方孔或长方孔，然后用木材加工成的条板或者是轻钢龙骨作为支承条板的龙骨穿入条板孔洞内，并加以固定。

2. 金属结构单体

金属结构单体的造型多种多样，有方块形单体、方筒形单体、圆筒形单体、花片形单体等，通常用 0.5—0.8 毫米厚的金属薄板加工而成，表面有烤漆和阳极氧化两种。金属结构单体风格新颖独特，造型优美（图 4-5-3）。

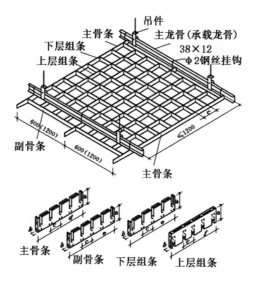

图 4-5-3　铝合金结构单体（单位：毫米）

（二）开敞式吊顶的固定

开敞式吊顶的固定可分为直接固定法和间接固定法两种（图 4-5-4）。

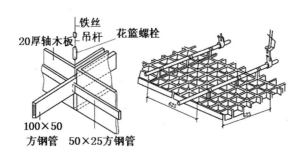

图 4-5-4　直接固定法、间接固定法（单位：毫米）

1. 直接固定法

这种方法通过吊杆将单体构件悬挂在吊顶上方，从而实现了空间的利用和装饰效果的展示。然而，这种吊装方式对于构件本身的刚度和强度提出了较高的要求。

2. 间接固定法

在这种方法中，单体构件吊顶首先被固定在承重杆架上，而承重杆架则再与吊点连接，从而将整个结构悬挂在吊顶处。

（三）木格栅吊顶构造

采用木质板材组装成室内开敞式吊顶，是由于木质材料容易加工成型并方便施工，所以在小型装饰性吊顶工程中较为普遍。格栅吊顶的各部件必要时应尽可能在地上拼装完成，然后再按设计要求的方法托起悬吊。木格栅吊顶各单体之间常采用钉固、胶粘、榫接以及采用方木或铁件加强。

（四）金属格栅吊顶构造

1. 类型

（1）空腹型

材质以铝合金为主，一般是以双层 0.5 毫米厚度的薄板加工而成，常见规格有 90 毫米 ×90 毫米 ×60 毫米、125 毫米 ×125 毫米 ×60 毫米、158 毫米 ×158 毫米 ×60 毫米、90 毫米 ×1260 毫米 ×60 毫米、126 毫米 ×1260 毫米 ×60 毫米、126 毫米 ×630 毫米 ×60 毫米。还有的产品采用铝合金、镀锌钢板或不锈钢板的单板，常见规格有 200 毫米 ×200 毫米、125 毫米 ×125 毫米、150 毫米 ×150 毫米、75 毫米 ×75 毫米、110 毫米 ×110 毫米；长度分别有 2 米、1.95 米、1.98 米。施工时纵横分格安装，其单板如图 4-5-5 所示。

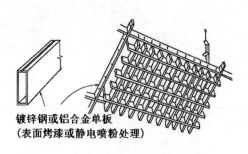

镀锌钢或铝合金单板
（表面烤漆或静电喷粉处理）

图 4-5-5 金属单板及吊顶格栅

（2）花片型

采用1毫米厚度的金属板，按形状及组成的图案分为不同系列。这种格栅吊顶在自然光或人工照明条件下，可获得特殊的装饰效果，并具有质量轻、结构简单和安装方便等特点。

2. 构造

（1）双层构造

设置轻钢U、C形（槽型）承载龙骨，先行悬吊、调平并固定。覆面层金属格栅单体的连接组合方式，应视具体产品的应用技术而定。如有的产品设有托架式槽形及其横撑龙骨，用以架设金属格栅；有的产品则配有特制的夹件，专用于花片格栅的吊挂连接。金属格栅与承载龙骨的连接，采用挂钩、挂件、吊码、连接耳等各种不同的配套件。

（2）单层构造

在格栅单板的制作和安装过程中，多采用纵横连接的方法。通常情况下，格栅单板的纵横连接采用半槽扣接的嵌卡方式，其中主格栅位于下方，副格栅位于上方，通过等距离的开口咬接方式进行连接。这种连接方式不仅能够确保格栅结构的稳定性和牢固性，还能够保持整体外观的整洁和美观。如图4-5-6所示，为金属格栅单板构造。

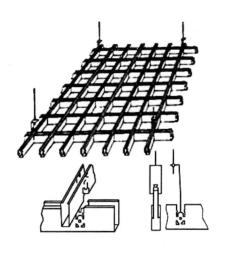

图 4-5-6　金属格栅单板构造

当采用其他金属格栅产品时，应参照该产品的使用说明，配套安装施工。有的产品设有边槽板，宜先将其边槽板于吊顶标高线就位固定；有的使用十字连接件、夹簧吊挂件、各种托架、支撑槽等进行金属格栅的装配和悬吊，组合与吊装的方式方法即照其实施。

（五）金属挂片式吊顶构造

金属挂片式吊顶分为金属小型挂片、垂帘式金属吊顶格片两种。金属小型挂片：采用铝合金板制成矩形小块。与配套的挂片小龙骨用挂片卡子竖直吊挂，挂片密排并旋转任意方向组成吊顶平面图案。垂帘式金属吊顶格片：采用铝合金条板（条形格片）在特制的龙骨上利用龙骨的卡脚竖向吊挂，称为垂帘式金属条板吊顶或金属格片吊顶，如图4-5-7所示。条板经喷塑或阳极氧化，处理成白、古铜和金黄色等，也可根据需要加工成其他样式。

小型挂片安装：主龙骨构造方法与普通金属龙骨吊顶施工相同。龙骨安装应平整、牢固。小龙骨与主龙骨用挂件（挂钩）连接，应勾挂紧密。将挂片按设计要求钩挂在小龙骨上时应注意图案方向。

垂帘式条板格片安装：龙骨布置按设计图纸选定方向和部位，因为它会直接影响金属条板的走向。有的吊顶设计要求条板分片变换走向，以丰富吊顶面线条图案，为此必须首先确定龙骨布设方向。条板的规格应与龙骨系列配套，条板的排列间距亦须与龙骨配套，龙骨卡脚的中距即为条板布置的间距（图4-5-7）。

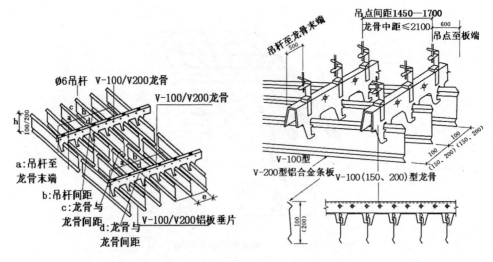

图4-5-7　垂帘式金属吊顶轴测图与垂帘式吊顶构造图（单位：毫米）

第六节　顶棚特殊部位装饰构造

顶棚特殊部位的装饰构造处理，也称细部处理或收口处理，处理的好与坏直接影响到顶棚的整体质量和装饰效果。因此，顶棚特殊部位的装饰构造不但具有使用功能，还兼有室内装饰的作用，在室内处于醒目位置，其质量的优劣受人关注。因此，细部装饰应严格选材，精心制作，仔细安装，力求工程质量达到规定标准。

一、收口构造

在建筑装饰中，顶棚与墙体的固定方式是确保吊顶稳固安装的关键环节，其选择通常取决于吊顶的形式和设计要求。常见的固定方法包括预埋铁件或螺栓、预埋木砖、射钉连接以及龙骨端部伸入墙体等。这些固定方式各有特点，可以根据具体情况选择最适合的固定方式，确保吊顶的安全性和稳定性（图4-6-1至图4-6-2）。

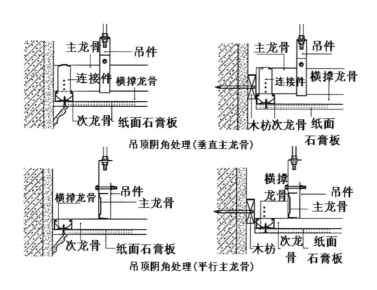

图 4-6-1　轻钢龙骨收口构造

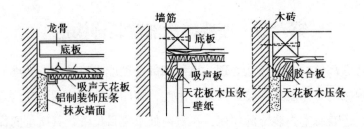

图 4-6-2　木龙骨收口构造

二、高低交接构造

跌级顶棚的高低交接构造处理对于整体空间的设计和功能性至关重要。通过精心设计和选择合适的构造方法，可以实现顶棚设计的美观性、实用性和功能性的完美结合，为室内空间营造出舒适、具有层次感的氛围。常见的构造方法包括使用附加龙骨、龙骨搭接，以及龙骨悬挑等（图 4-6-3）。

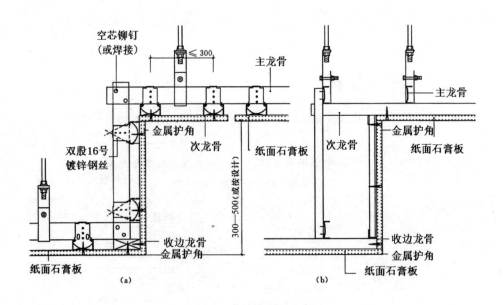

图 4-6-3　轻钢龙骨高低交接构造

三、顶棚与设备连接构造

（一）通风口构造

在室内装饰设计中，需要保障室内空气质量，因而通常需要在吊顶罩面层上设置通风口和回风口，以实现空气的流通和净化。这些风口由各种材质的单独定型产品构成，也可用硬质木材按设计要求加工而成，多为固定或活动格栅状（图4-6-4）。

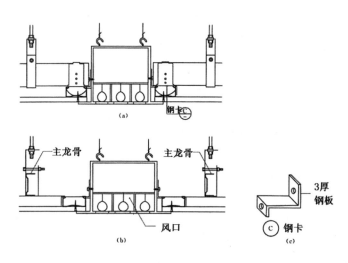

图 4-6-4 吊顶风口构造

（二）检修口构造

为了便于对吊顶内部各种设备、设施的检修、维护，需在顶棚表面设置检修口。一般将检修口设置在顶棚不明显部位，尺寸不宜过大，能上人即可。洞口内壁应采用龙骨支撑，增加其面板的强度（图4-6-5）。

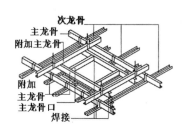

图 4-6-5 上人检修口

（三）消防设备构造

为了确保室内的安全，自动喷淋头和烟感器必不可少，这些设备必须安装在吊顶平面上，以确保其正常运行。特别是自动喷淋头必须通过吊顶平面与自动喷淋系统的水管相接，从而确保在火灾发生时，自动喷淋系统能够及时启动并释放灭火剂，有效控制火势蔓延（图 4-6-6）。

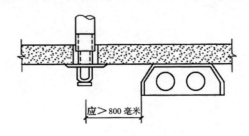

应＞800毫米

图 4-6-6　自动喷淋头构造

四、顶棚与灯连接构造

顶棚装饰装修需处理好罩面板与灯具的构造关系。灯具安装应遵循美观、安全、耐用的原则，顶棚与灯具的构造方法有吊灯、吸顶灯、反射灯槽等（图 4-6-7）。

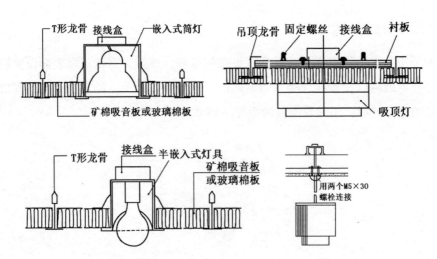

图 4-6-7　嵌入式灯具、吸顶灯、半嵌入式灯具、吊灯与顶棚的连接构造（单位：毫米）

（一）吊灯

吊灯分大型和小型吊灯，小型吊灯可直接安装于龙骨和罩面层上，大型吊灯因体积、质量大，需悬吊在结构层上，如楼板、梁应单独在吊顶内部设置吊杆。

（二）吸顶灯

1. 明装式吸顶灯

又叫浮凸式，是将灯座、灯罩、灯泡（灯管）全部外露在顶棚表面，多见于直接式顶棚装修中。

2. 暗装式吸顶灯

又叫嵌入式，常见于悬吊式顶棚吊顶装修中，是将灯具的全部或部分嵌入吊顶基层，灯具与吊顶面层相平或部分凸出于顶棚饰面层。优点是光线柔和、无眩光、形式多样、整体效果佳。

暗装式吸顶灯根据灯具大小，采用不同构造方法。在顶棚装修时，应根据施工图中灯具的排列位置来协调吊顶主龙骨的位置，尽量避免在开灯洞时破坏主龙骨。小型吸顶灯可直接在基层板（饰面板）上开洞，用螺钉或吊筋与顶棚龙骨连接。大型吸顶灯龙骨承载力不够，需在楼底板上预埋膨胀螺栓，把吊筋与膨胀螺栓连接。洞口内边缘用横撑龙骨围合成边柜，增加基层板的强度，成为吸顶灯的连接点。安装时如遇主龙骨必须开断的情况，可在断头处增设吊杆。

（三）暗藏式反射灯槽

暗藏式反射灯槽是顶棚造型时形成的一种独特构造形式。通常会考虑在各层的周边或顶棚与墙面相交处设计暗藏灯槽，这种设计不仅可以有效隐藏灯具，避免过多的直射光线，还能够让灯光更加均匀地散发出来，从而产生柔和的反射光线，营造个性化的环境气氛（图 4-6-8）。

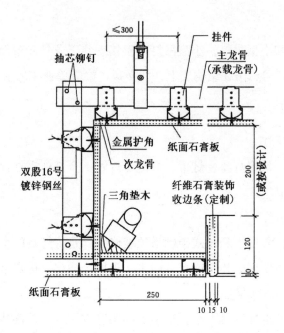

图 4-6-8　灯槽构造（单位：毫米）

五、顶棚与窗帘盒连接构造

窗帘盒是为了装饰窗户，遮挡窗帘轨而设置的，窗帘盒的尺寸随窗帘轨及窗帘厚度、层数而定。窗帘盒的造型多种多样，其构造方法有明窗帘盒与暗窗帘盒之分。

（一）明窗帘盒构造

明窗帘盒是将窗帘轨道直接固定在楼底板或墙体上，利用纸面石膏板、细木工板或胶合板来遮挡窗帘轨，使轨道隐藏其中。挡板高度根据室内的空间大小及高差而定，一般为 200—300 毫米。挡板与墙面的宽度可根据窗轨及窗帘层数的多少来确定，一般单轨为 100—150 毫米，双轨为 200—300 毫米。挡板长以窗口的宽度为准，两端延伸至墙体两侧。另外，也可不用遮挡，将定型窗轨直接安装在顶棚或墙面上，利用自身的纹理、颜色达到装饰和美化的效果（图 4-6-9）。

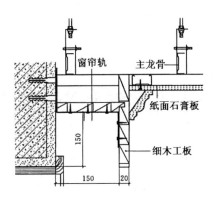

图 4-6-9　明窗帘盒构造（单位：毫米）

（二）暗窗帘盒构造

暗窗帘盒是利用吊顶时自然形成的暗槽，槽口下端就是顶棚的表面。暗窗帘盒给人以统一协调的视觉感，其尺寸和明窗帘盒基本相同（图 4-6-10）。

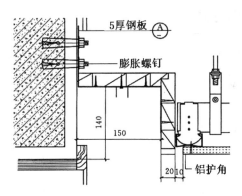

图 4-6-10　暗窗帘盒构造（单位：毫米）

第五章 室内细部装饰材料与构造

除了地面、墙面、顶棚之外，室内装饰构造还包括其他细节部分。本章为室内细部装饰材料与构造，分为楼梯装饰材料与构造、门窗装饰材料与构造、隔断装饰材料与构造三个部分。

第一节 楼梯装饰材料与构造

一、楼梯的装饰材料

楼梯的装饰材料包括钢筋混凝土，钢、木、铝合金，混凝土、钢复合材料及钢木质复合材料等。楼梯材料多种多样，如实木、石板、瓷砖、钢板、地毯等。楼梯扶手设计的好坏，是评定一个楼梯设计品质的重要依据。室内的扶手设计最忌讳用镜面不锈钢或其他银亮面金属材料，采用不锈钢、亚面不锈钢较好。根据经验，最理想的扶手材料是木材，其次是石材。

二、楼梯的装饰构造

楼梯作为连接不同楼层的重要通道，不仅具有实用功能，还可以成为室内空间的亮点之一。在进行楼梯的设计时，除了考虑其实用性之外，还需要注重其装饰效果。

（一）楼梯的构成部分

楼梯作为连接不同楼层的通道，在结构上一般由梯段、平台和栏杆扶手三大部分组成（图 5-1-1）。

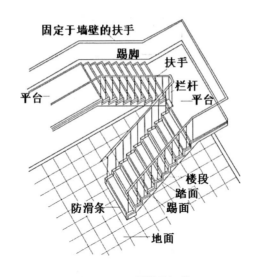

固定于墙壁的扶手

踢脚

扶手

栏杆

平台

平台

楼段
踏面
踢面

防滑条

地面

图 5-1-1　楼梯的组成

1. 梯段

梯段是楼梯的基本组成单元，用于连接不同高度的楼层，其设计和尺寸需要符合人体工程学原理，保证人们在上下楼梯时的舒适性和安全性。

2. 平台

平台是连接两段梯段的水平区域，提供行走和转弯的空间。平台的设置不仅可以提供休息和转弯的空间，还可以起到连接不同楼层的作用，使楼梯结构更加完整和稳固。

3. 栏杆、扶手

栏杆扶手的设计是为了防止行走时意外摔倒，同时也可以起到装饰作用，从而提升楼梯的整体美感。

（二）踏步饰面构造

踏步作为楼梯的重要组成部分，其尺寸设计至关重要。踏步的尺寸应该考虑到人的脚尺寸和步幅，以确保上下楼梯时的舒适性和安全性。一般而言，踏步的"宽度按每股人流宽 550—770 毫米计算，最小不应小于两股人流，以确保上下通行的顺畅"[①]。常用踏步尺寸如表 5-5-1 所示。为了提高踏步行走舒适度，通常将踢面做斜或将踏面出挑，使踏面变宽。

---

① 施济光，冯丹阳 . 通用构造 [M]. 沈阳：辽宁美术出版社，2015.

表 5-1-1　常用适宜踏步尺寸（毫米）

建筑类别 踏步尺寸	住宅	学校、办公楼	剧院、会堂	医院	幼儿园
踏步高	156—175	140—160	120—150	150	120—150
踏步宽	250—300	280—300	300—350	300	260—300

楼梯踏步的饰面处理对于楼梯整体的美观和使用舒适度具有重要影响。一般而言，楼梯踏步的饰面可以分为抹灰类饰面和贴面类饰面两种类型。

1. 抹灰饰面构造

抹灰类饰面是指采用水泥砂浆进行抹灰并打磨，形成坚实平整的表面。为了确保防滑效果，还需要安装防滑条，防滑条的位置、高度和间距需要符合相关规范和标准。此外，定期清洁楼梯踏面也是至关重要的，只有保持楼梯表面清洁无尘，才能确保防滑条的功能不受影响，让人在楼梯上行走时更加放心和舒适（图5-1-2）。

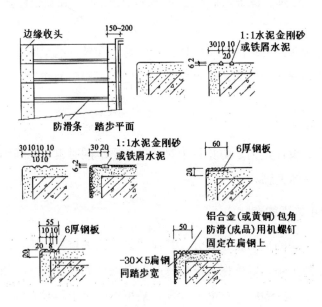

图 5-1-2　楼梯踏步抹灰面层及防滑构造（单位：毫米）

2. 贴面饰面构造

贴面类饰面是指在踏步表面贴附某些材料来进行装饰。常见的贴面面材包括板材和面砖。

（1）板材饰面

常用的板材饰面材料包括花岗岩板、大理石板、水磨石板、人造石材板和玻璃面板等，它们通常具有高耐磨性、美观性和易清洁性，能够提升楼梯的品质和视觉效果。通常情况下，板材饰面会选用厚度为 20 毫米的材料，按照设计尺寸进行切割和定型后，再运至现场进行施工安装。一整块板材通常用于一个踏面或踢面，确保整体的美观和连续性。另外，为了提高楼梯的安全性，必须对防滑处理进行专门设计。常见的做法是在踏口处进行开槽处理，并嵌入铜条或铝合金条，然后进行固定，从而增加楼梯的摩擦力，防止人在上下楼梯时滑倒（图 5-1-3 ）。

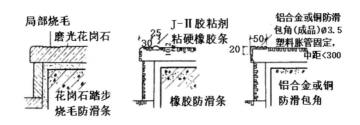

图 5-1-3　踏步板材饰面构造（单位：毫米）

（2）面砖饰面

面砖也是一种常见的装饰材料，包括釉面砖、缸砖、铜制砖和麻石砖等多种类型，规格尺寸繁多。当面砖被用于楼梯饰面时，其尺寸需要按照踏步标准进行制作和安装。在安装面砖饰面时，需要在踏面和踢面上做厚度为 15—20 毫米的水泥砂浆找平层，这样可以保证面砖粘贴时的表面平整度和牢固性。随后，使用 2—3 毫米的水泥浆将饰面砖粘贴在找平层上，使其能够紧密贴合并形成整齐美观的楼梯面。在防滑处理方面，常见的做法是利用成品防滑缸砖，这种缸砖具有特殊的防滑功能，能够有效地避免人们在上下楼梯时滑倒（图 5-1-4 ）。

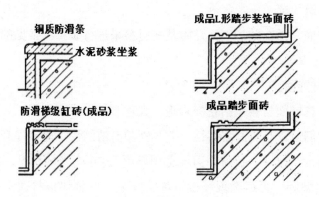

图 5-1-4　踏步面砖饰面构造

（三）栏杆和栏板构造

楼梯栏杆和栏板是楼梯装修中非常重要的组成部分，不仅可以保障人的安全，还可以起到装饰作用。根据相关规定，楼梯栏杆和栏板的高度应该符合特定标准。具体而言，室内楼梯栏杆和栏板的高度应不小于 900 毫米，室外不小于 1050 毫米。这样可确保人在上下楼梯时有足够的扶持和支撑，避免发生意外事故。对于儿童活动场所，在设计楼梯栏杆和栏板时需更加谨慎。根据规定，楼梯扶手的高度应为 500—600 毫米，栏杆的垂直间距不大于 110 毫米，以防止儿童攀爬或者掉落（图 5-1-5）。

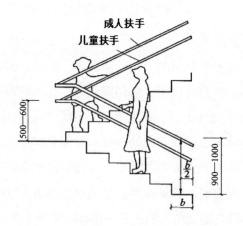

图 5-1-5　成人扶手与儿童扶手（单位：毫米）

1. 栏杆与踏步的连接构造

栏杆按材料分，有木栏杆、金属栏杆和铁栏杆等。栏杆形式多种多样，如图5-1-6 所示。

图 5-1-6　几种栏杆形式

栏杆主杆与楼梯踏步连接方式有多种，可采用焊接的方式与踏步内的预留铁件进行连接，也可将栏杆插入预留洞内，再用干硬性水泥砂浆灌实，还可用钢制膨胀螺栓固定。栏杆与踏步的连接构造如图 5-1-7 所示。

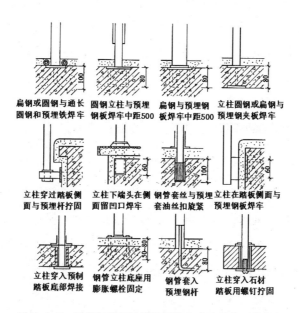

图 5-1-7　栏杆与踏步的连接构造方式（单位：毫米）

2. 栏板的连接构造

在楼梯装修中，楼梯栏板的形式多种多样，包括砌筑栏板、钢丝网水泥栏板、预制水磨石板栏板、玻璃栏板等，每种形式都有其独特的特点和适用场景。其中玻璃栏板装饰性较强，目前被广泛使用。

（四）扶手构造

楼梯扶手是栏杆、栏板最上面部件，扶手要沿楼梯段及休息平台全长设置。

1. 材料

扶手可采用木材、金属、塑料制品等材料制作。栏板的扶手也可用石材板进行装饰。室内楼梯多采用硬木、铜质、不锈钢、铝合金和塑料扶手，室外楼梯常用金属和塑料扶手等。

2. 扶手的连接构造

扶手断面形式不仅要考虑人体尺度及使用要求，而且还要考虑与栏杆的尺度关系。为了便于握紧扶手，扶手截面直径一般为40—80毫米，扶手设置应注意保持连贯性，应伸出起始及终止踏步不少于150毫米。

在楼梯装修中，扶手和栏杆、栏板的连接方式非常重要。如果连接不牢固，会导致整个楼梯的安全性受到影响。下面介绍一种常用的扶手与栏杆、栏板的连接方式：在栏杆立杆上部电焊一根通长扁铁，这样可以强化栏杆立杆的承载力，使其更加稳定；使用螺丝将扶手与扁铁相连，确保扶手与栏杆、栏板之间的连接牢固可靠。金属扶手可以直接焊在金属栏杆顶面。

3. 靠墙扶手的固定方式

扶手直接安装在楼梯间两边的墙上，就是靠墙扶手。

（五）踏步侧面构造

楼梯踏步侧面是指梯段临空侧踏步边缘的侧面，该侧面是楼梯设计细部的重点。适当详细的收头处理，既有利于楼梯的保养管理，又体现出装饰效果。一般做法是将粉刷或贴面材料翻过侧面30—60毫米宽。铺钉装饰必须将铺板包住整个梯段侧面，并转过板底30—40毫米宽收头。

第二节 门窗装饰材料与构造

一、各类型门的装饰构造

（一）木门

木门由门框、门扇和门用五金配件等组成。

1. 门框

在室内装修中，门框的设计和构造对于整个门的安装和使用起着至关重要的作用。根据门的类型、所处的层数等因素，门框的断面形式应该进行合理选择，以确保安装顺利进行并具备一定的密闭性。首先，门框的断面形式要考虑到门的类型，例如单开门、双开门或推拉门等不同类型的门需要相应不同的门框设计。其次，门框的断面尺寸设计需要考虑接榫的稳固和门的类型。接榫是门框连接的关键部位，必须确保其稳固可靠，以提高门框的整体稳定性和耐久性。同时，还要根据门的类型和重量，合理设计门框的断面尺寸，使其既满足结实稳固的要求，又能保证门的开闭灵活顺畅。

门框设在墙中的位置可以与墙的内口齐平，即门框与墙内侧饰面层的材料齐平，称为内开门；也可将门框与墙的外口齐平，称为外开门；弹簧门一般将门框立在墙中间，可以内开或外开。

为了行走和清扫方便，内门一般不设下框。此时，门扇底距地面饰面层 5 毫米左右。外门应设下框，以防水、防尘，提高其密封性能，下框应高出地面 15—20 毫米。有的门不做门框，将门扇直接安装在门套上，称为无框门。

2. 门扇

夹板装饰门构造简单，表面平整，开关轻便，但不耐潮和日晒，一般用于内门。夹板门扇骨架由（32—35）毫米 ×（34—60）毫米方木构成纵横肋条，两面贴面板和饰面层，如贴各类装饰板、防火板、微薄木拼花拼色、镶嵌玻璃、装饰造型线条等。如需提高门的保温、隔声性能，可在夹板中间填入矿物毡。另外，门上还可设通风口、收信口、警眼等。

镶板装饰门也称框式门，其门扇由框架配上玻璃或木镶板构成。镶板门框架由上、中、下冒头和边框组成。框架内嵌装玻璃，称为实木框架玻璃门；在框架内嵌装的木板上雕刻图案造型，称为实木雕刻门。为节约木材，限制变形，现在的实木框架多用木条拼合而成。通过框架的造型变化和压条的线形处理，形成装饰效果丰富的装饰门。

3.门用五金配件

木门的五金配件主要包括门锁、合页、密封条、门把手、门吸和移动滑轨等。其中，合页、滑轨、门锁对木门的影响特别重要。

（二）铝合金门

铝合金门与木门的构造差别很大。木门材料的组装以榫接相连，扇与框是以榫口相搭接；而铝合金门框料的组装是利用转角件、插接件、坚固件组装成扇和框，扇与框的四角组装采用直角插榫结合，横料插入竖料连接。

铝合金门开启均采用弹簧门和推拉门，外门用弹簧门，内门用推拉门。铝合金门的分格比较大，玻璃与框之间用玻璃胶连接或用橡胶压条固定。

（三）玻璃门

玻璃门的门扇构造与镶板门基本相同。只是镶板门的门芯板用玻璃代替，既可在木框内安装整块玻璃，也可在门扇的上部装玻璃，下部装门芯板。现在室内装饰比较流行小格子玻璃门，而且最好装车边玻璃，这样的门显得十分精致而高贵。玻璃门也可以采用无框全玻璃门，它用10毫米厚的整片钢化玻璃作门扇，门的把手一定要醒目，以免伤人。

全玻璃自动门的门扇可以用铝合金做外框，也可以是无框全玻璃门。门的自动开启与关闭均由微波感应进行控制。

全玻璃自动门为中分式推拉门，门扇运行时有快、慢两种速度，可以使启动、运行、停止等动作达到最佳协调状态。其特点是整体感强，不遮挡视线，通透美观，多用于公共建筑的主要出入口。

（四）转门

转门不但能起到很好的装饰作用，同时还起控制人流通行量、防风保温的作用。转门的连接严密，构造复杂，不适用人流较大且集中的公共场所，更不能用于疏散门。转门只能作为人员正常通行用门，通常用于宾馆的主要出入口。

（五）隔声门

隔声门的隔声效果与门扇的隔声量、门缝的密闭处理直接相关。

门扇隔声量与所用材料有关。原则上，门扇越重，其隔声效果越好，可以有效减少外部噪音对室内环境的干扰。然而，如果门扇过重，就会导致开启不便，增加使用的难度，并且容易造成门框或铰链等部件的损坏。为了兼顾隔声效果和使用便利性，许多隔声门扇采用多层复合结构的设计。复合结构不宜层次过多、厚度过大和质量过重。合理利用空腔构造及吸声材料，都是改善门扇隔声效果较好的处理方法。门扇的面层以采用整体板材为宜，因为企口板干缩后将产生缝隙，对隔声性能产生不利影响。

门缝处理要求严密和连续，并要注意五金安装处的薄弱环节。门扇安装可用门框或不用门框直接装于墙边，用扁担铰链（折页）连接。沿墙转角可设方钢，以增加坚固和密闭程度。门扇与门框或门扇与墙的连接可采用不同的方式，如平口、斜口、多层平口或斜口等方式，还要在合缝处填设密闭材料。斜口易于压紧，但填料边在转角处易于损坏。平口填料不像斜口那么紧密，以多层铲口密闭式较为理想。

（六）防盗门

防盗门由门框、门扇、防盗锁具和合页组成。为保证防盗性能，对防盗门的构件有一些特殊的构造要求。防盗门门扇由 1.5 毫米厚钢板或铝合金板压制成形，门扇厚度一般为 48 毫米。加厚门扇的厚度可达 68 毫米，不仅具有更强的抗冲击力，而且可做三重扣边，防撬性能更佳。同时密封性能较好，关门声音也较轻。

防盗门的门扇可以是全封闭的，但为了通风和美观，在不影响防盗性能的前提下也可局部通透，通透处用相应强度的金属条组成各种图案。门框采用与门扇相同材料轧制成形。门框截面的凹槽形状应与门扇扣边的形状互相咬合，以使门关上后门扇与门框紧紧相扣，达到最好的防撬效果。

（七）卷帘门

卷帘门一般安装在洞口外侧，其具有防风沙、防盗等功能。卷帘箱一般安装在门的上部，内置电动机。电动机的安装方式有侧挂式、吊挂式和卧式。卷帘箱外罩既可做成方形，也可做成圆弧形。

二、各类型窗的装饰构造

（一）木窗

木窗的构造像木门一样，可以分为窗框和窗扇。根据窗的开启方式，窗框与窗扇的安装构造式样较多，如推拉式、悬吊式、旋转式等。其中最典型和最常用的是平开式。

1. 窗框

窗框主要由上框、中框、下框、边框及中横框、中竖框等组成，并通过五金配件和墙体相连接。

木窗的连接构造与门的连接构造基本相同。窗框通常应与墙内表面持平，窗框应该向外凸出砖面约 20 毫米，这样在墙面进行粉刷后，窗框与抹灰面可以保持持平，使整体墙面看起来更加平整美观。在木窗框与抹灰面的交接处，建议使用贴脸板进行搭盖处理。这样可以有效防止抹灰干缩后形成的缝隙，提高密封性和装饰效果。

2. 窗扇

窗扇由上冒头、下冒头、边梃和窗芯（窗棂）组成。扇面有玻璃、窗纱或百叶片。窗扇的尺寸一般控制为 600—1200 毫米。冒头及其边梃的截面尺寸和形状与窗扇的大小、玻璃的厚薄等因素有关。

窗扇与窗框通过五金配件相连接。窗框与窗扇之间的缝隙处理方法如下：

第一，加深铲口深度至 15 毫米，以减少空气的渗透。

第二，错口和鸳鸯铲口可增加空气渗透阻力。

第三，在立框与边梃之间做回风槽，可形成减弱空气压力的空腔，以防止水的毛细渗透。

第四，外开扇的中横框加披水板，或者内开扇的上窗扇做披水板，可防雨水飘入。

（二）铝合金窗

铝合金窗型材用料为薄壁结构，型材断面中留有不同形状的槽口和孔。它们分别起空气对流、排水、密封等作用。对于不同部位、不同开启方式的铝合金窗，其壁厚不同（表5-2-1）。

表 5-2-1　铝合金窗壁厚

类别	厚度（毫米）
普通铝合金窗	≥ 0.8
多层建筑的铝合金窗	1.0—1.2
高层建筑的铝合金窗	≥ 1.2

铝合金窗主要由固定件和活动件两部分组成。

铝合金窗安装时与墙体产生的缝隙需塞填嵌缝材料。铝合金窗框与墙体间隙塞填嵌缝材料时，不得损坏铝合金窗的防腐面。

（三）塑钢窗

塑钢窗按开启方式不同可分为平开窗、推拉窗、固定窗和旋转窗等。

塑钢窗具有良好的隔热、隔声、节能、气密、水密、绝缘、耐久和耐腐蚀等性能，适用各种类型的建筑，对有弱酸碱腐蚀介质作用的工业建筑及沿海盐雾地区的民用建筑更为适宜。

塑钢窗框与墙体预留洞口的间隙可视墙体饰面的材料而定（表5-2-2）。

表 5-2-2　墙体洞口与窗框的间隙

墙体饰面层材料	洞口与窗框的间隙／毫米
清水墙	10
墙体外饰面抹水泥砂浆或贴马赛克	15—20
墙体外饰面贴釉面瓷砖	20—25
墙体外饰面贴大理石或花岗石	40—50

窗框与洞口之间的间隙应采用闭孔泡沫塑料、发泡聚苯乙烯等弹性材料分层填塞，填塞不宜过紧，以保证塑钢窗安装后可自由胀缩。

三、门窗用五金

门窗配套的五金件包括合页、拉手、插销、门锁、闭门器、门挡、锁闭器、滑撑、撑挡、滑轮等。下面仅对执手、领、滑撑、滑轮作详细论述。

（一）执手

执手是平开窗的重要配件之一，其作用是平开窗扇关闭后将窗扇压紧在窗框上，确保室内空间的密封性和隔音效果。因此，在选择和安装执手时，需要考虑多方面因素，以确保其功能和美观性，具体包括以下几点：

第一，外观造型与建筑风格一致性。

第二，根据门窗的开启方式选用。

第三，根据型材的断面结构特点选用。

第四，便于安装并具有保护措施。

（二）合页

在门窗的设计与安装中，承重部件的选择设计尤为关键。除了需要满足承载质量的要求外，还应考虑到适用的扇宽、高比要求，以确保门窗的正常运行和安全性。

平开窗五金件中合页的选择应根据窗扇的质量和窗扇尺寸选择相应承重级别和数量，当达到标定承载级别时扇的宽、高比，扇质量不大于 90 千克时，应不大于 0.6；扇质量大于 90 千克时，应不大于 0.39。

平开门五金件中合页的选择应根据门扇的质量和窗扇尺寸选择相应承重级别和数量，当达到标定承载级别时，门扇的宽、高比应不大于 0.39。

（三）滑撑

在平开窗的设计和安装过程中，滑撑是一个重要的装置，用于支撑窗扇的启闭和定位。在选择滑撑时，除了需要注意窗扇的宽高比外，还需要确保滑撑规格与窗扇规格相匹配，以保证其正常使用和安全性。

（四）滑轮

滑轮是每扇推拉门窗的负重支撑，并负责水平移动。在门窗设计中，滑轮不仅影响门窗的推拉顺畅度，还关乎使用安全和寿命。因此，在选择滑轮时，需要特别注意滑轮架的材质和滑轮轴承类型。一般情况下，建议优先考虑采用滚珠轴承或滚针轴承，以确保门窗的推拉操作更加顺畅和轻便。

第三节　隔断装饰材料与构造

隔断除具有分隔空间的功能外，还具有很强的装饰性。它不受隔声和遮透的限制，可高可低、可空可透、可虚可实、可静可动，选材多样。与隔墙相比，隔断更具灵活性，更能增加室内空间的层次和深度，用隔断来划分室内空间，可产生灵活而丰富的空间效果。隔断的种类很多，一般按其固定方式可分为固定式和活动式两种。

一、固定式隔断装饰构造

固定式隔断所用材料有木制、竹制、玻璃、金属及水泥制品等，可做成花格、落地罩、飞罩、博古架等各种形式，俗称空透式隔断。固定式隔断的类型一般有木隔断、玻璃隔断、水泥制品花格隔断和竹木花格空透隔断等。

（一）木隔断构造

木隔断通常有两种：一种是木饰面隔断；另一种是硬木花格隔断。

1. 木饰面隔断

一般采用在木龙骨上固定木板条、胶合板、纤维板等面板，做成不通顶的隔断。木龙骨与楼板、墙应有可靠的连接。面板固定在木龙骨上后，用木压条盖缝，最后按设计要求罩面或贴面。

2. 硬木花格隔断

常用的木材多为硬质杂木。其自重轻，加工方便，制作简单，可以雕刻成各种花纹。硬木花格隔断一般用板条和花饰组合，花饰镶嵌在木质板条的裁口中，可采用榫接、销接、钉接和胶接，外边钉有木压条。为保证整个隔断具有足够的刚度，隔断中立有一定数量的板条，贯穿隔断的全高和全长，其两端与上下梁、墙应有牢固地连接。

木隔断的木材多为硬杂木，其纹理清晰，加工方便，可雕刻成各种花纹图案，做工精细、考究。木材的连接以榫接为主，此外还有胶接、销接和钉接等方式。其构造简单，外观古朴、典雅，常用于住宅内的客厅和书房，具有书香气息。

（二）玻璃隔断构造

玻璃隔断是将玻璃安装在框架上的空透式隔断，这种隔断可通顶或不通顶，其特点是空透、明快，而且在光的作用下色彩有变化，可增强装饰效果，主要用于既要求分隔又要求采光的房间。

玻璃隔断按框架的材质不同，有带裙板玻璃木隔断、落地玻璃木隔断、不锈钢柱框玻璃隔断等。

1. 带裙板玻璃木隔断

带裙板玻璃木隔断是由上部的玻璃和下部的木墙裙组合而成。其构造做法：根据隔断的位置，按照设计要求，先做下部的木墙裙，用预埋木砖固定墙筋，然后固定上、下槛及中间横撑，最后固定玻璃。玻璃可选择平板玻璃、夹层玻璃、磨砂玻璃、压花玻璃、彩色玻璃等。

2. 落地玻璃木隔断

落地玻璃木隔断是直接在隔断的相应位置安装竖向木骨架，并与墙、柱及楼板连接，然后固定上、下槛，最后固定玻璃。对于大面积玻璃板，玻璃放入木框后，应在木框的上部和侧边留 3 毫米左右的缝隙，以免玻璃受热开裂。

3. 不锈钢柱框玻璃隔断

不锈钢柱框玻璃隔断是一种常见的装饰和隔断材料，它将玻璃板与不锈钢柱框连接起来，通常采用以下三种固定方法来确保连接稳固可靠：

第一，将玻璃板用不锈钢槽条固定。

第二，将玻璃板直接镶在不锈钢立柱上。

第三，根据设计要求使用专用的不锈钢紧固件将相应部位打孔的玻璃与不锈钢柱加接固定。

（三）水泥制品花格隔断构造

水泥制品花格隔断是用预制钢筋混凝土或面层为水磨石的花格拼装而成的隔断。水泥制品花格有各种不同的造型单体，如方形、长方形及多边形等。

对于花格与花格、花格与墙及花格与柱的连接，可先在墙上打孔，用钢筋插接墙孔及花格周边的预留孔，并用水泥砂浆填缝。

1. 混凝土花格的构造

混凝土花格与水磨石花格在制作时要求模板表面光滑，如选用木模板，应进行刨光或包以薄钢板，使构件表面光洁。为了便于脱模，模板上应涂脱模剂，如废机油等。对较复杂的花格模板，最好做成可拆卸和拼装的，浇捣时用 1：2 水泥砂浆一次浇成。若花格厚度大于 25 毫米，可用 C20 细石混凝土，均应浇筑密实。在混凝土初凝时脱模、不平整或有砂眼处，用纯水泥浆修光。

花格应用 1：2.5 的水泥砂浆拼砌，但拼装最大高度与宽度均不应超过 3 米，否则需加梁柱固定。混凝土花格表面可用油性或水性涂料上色。

2. 水磨石花格的构造

要求较光洁的花格可用水磨石制作。材料可选用 1：（1.25—2）的水泥、石碴，石碴粒径为 2—4 毫米。应捣制并经过三次打磨，每次打磨后用同样的水泥浆填补麻面，再进行三道抛光。待花格拼装完工后，再用醋酸或草酸洗净并上蜡。所用蜡可由光蜡、硬脂酸、甲醇进行配合。

（四）竹、木花格空透隔断构造

竹、木花格空透隔断具有轻巧、玲珑剔透，容易与绿化相配合的特点，其一般用在古典建筑、住宅、旅馆中。

竹、木花格空透隔断的种类很多，一般用条板和花饰组合，常用的花饰用硬杂木、金属或有机玻璃制成。

（1）竹花格

竹花格空透隔断采用质地坚硬、粗细匀称、竹身光洁、直径为 10—50 毫米的竹子制作。竹子接合的方法以竹销钉接合为主，此外，还有套、塞、穿、钉接、钢销、烘弯接合及胶接合等方法。

（2）木花格

木花格空透隔断的木料多为硬杂木，木材的接合方式以榫接为主。另外，还有胶接、钉接、销接、螺栓连接等方法。

（五）金属花格空透隔断构造

金属花格纤细、精致、空透，用于室内隔断十分美观，如嵌入彩色玻璃、有机玻璃、硬木等更显富丽。其一般用于装饰要求较高的住宅及公共建筑。

金属花格的成型方法有两种：一种为浇铸成型，即借模型浇铸出铁、铜、铝等花格；另一种为弯曲成型，即用扁钢、钢管、钢筋等弯成大小花格。花格与花格、花格与边框可以焊接、铆接或螺栓连接，隔断上可另加有机玻璃等装饰件。金属花格本身还可以涂漆、烤漆、镀铬或鎏金。

二、活动式隔断构造

活动式隔断的特点是使用时灵活多变，可以随时打开和关闭，使相邻空间根据需要成为一个大空间或几个小空间，关闭时能与隔墙一样限定空间，阻隔视线和声音。也有一些活动式隔断全部或局部镶嵌玻璃，其目的是增加透光性，不强调阻隔人们的视线。活动式隔断有拼装式、直滑式、折叠式和屏风式四个类型。

（一）拼装式隔断构造

拼装式隔断是用高度为 2—3 米、宽度为 600—1200 毫米的可装拆壁板或门扇拼装而成，不设滑轮和导轨。其厚度视材料及隔扇的尺寸而定，一般为 60—120 毫米。

隔扇可用木材、铝合金、塑料做框架，两侧粘贴胶合板及其他各种硬质装饰板、防火板、镀膜铝合金板，也可以在硬纸板上衬泡沫塑料，外包人造革或各种装饰性纤维织物，再镶嵌各种金属和彩色玻璃饰物，制成美观、高雅的屏风式隔扇。

为了实现隔断的方便装卸和安装，合理设置顶部上槛并留出空隙，采用适当的安装方式和补充构件，可以提高隔断的实用性和美观性，为使用者带来更好的体验和便利。上槛与下槛一般要安装凹槽或设插轴来安装隔扇。为便于安装和拆卸，隔扇的一端与墙面之间要留空隙，空隙处可用一个与上槛大小、形状相同的槽形补充构件来遮盖。

（二）直滑式隔断构造

直滑式隔断是一种常见的隔断形式，它将拼装式隔断中的独立隔扇通过滑轮挂置在轨道上，实现隔断的推拉移动功能。轨道可布置在顶棚上，隔扇顶部安装滑轮，并与轨道相连；隔扇下部地面一般不设轨道，主要为避免轨道积灰损坏。

（三）折叠式隔断构造

折叠式隔断由多个可以折叠的隔扇、轨道和滑轮组成。多个隔扇用铰链连在一起，可以随意展开和收拢，推拉快速、方便。由于隔扇本身的质量、连接铰链五金质量，以及施工安装、管理维修等诸多因素造成的变形会影响隔扇活动的自由度，可将相邻的两隔扇连在一起。此时，每个隔扇上只需装一个转向滑轮，先折叠后推拉收拢，更增加了灵活性，可采用单侧推拉式或双向推拉式活动隔断。

（五）屏风式隔断构造

屏风式隔断的特点是在隔断的顶部与房顶之间留有一定的空间。屏风式隔断的主要作用是在一定程度上限定空间及遮挡视线。其类型很多，按安装架立方法分为固定式、独立式和联立式等。

（1）固定式屏风

即固定在楼（地）面上的屏风隔断，高度在 1.5 米左右，在上面还可以镶嵌玻璃饰品。固定的方法是依靠制作好的铁、木等支座支在楼（地）面上，屏风底部与楼（地）面有 100 毫米左右的间隙。

（2）传统独立式屏风

通常由优质木材制成。这种屏风的特点在于其表面可以进行精美的雕刻工艺，或者裱贴书法、绘画等艺术作品，体现了传统文化和工艺的精髓。在结构上，传统独立式屏风通常设置在下部支架上，通过支架来实现独立支撑。这种设计不仅增加了屏风的稳定性，还赋予了屏风更多的装饰性和艺术性，使其成为空间中独具特色的装饰元素。

（3）联立式屏风

联立式屏风的屏风扇与独立式屏风的屏风扇在构造上无多大区别，主要的不同之处是联立式屏风扇没有支架，而是靠扇与扇之间的连接而站立的。传统的方法是在相邻两扇的框边上装铰链，其缺点是移动屏风时将所有的屏风扇折叠在一起，不方便移动。现代化的联立式屏风都在顶部安有特殊的连接件。这种连接件可以随时将联立着的屏风拆成单独的屏风扇。采用这种连接件不仅方便、美观，还能同时连接几个屏风扇，并能使各屏风扇之间按需要构成大小不同的角度，如可联立成十字形、Y形或其他折线形。联立式屏风的屏风扇可相互依附而直立，无须再设支架。

参考文献

[1] 于四维，樊丁 . 室内装饰材料与构造设计 [M]. 北京：化学工业出版社，2022.

[2] 魏爱敏，王会波 . 建筑装饰材料 [M]. 北京：北京理工大学出版社，2020.

[3] 理想·宅 . 室内设计材料手册饰面材料 [M]. 北京：化学工业出版社，2020.

[4] 汤留泉 . 图解室内设计装饰材料与施工工艺 [M]. 北京：机械工业出版社，2019.

[5] 葛春雷 . 室内装饰材料与施工工艺 [M]. 北京：中国电力出版社，2019.

[6] 崔丽萍 . 建筑装饰材料、构造与施工实训指导 [M]. 北京：北京理工大学出版社，2019.

[7] 杜祥瑞 . 装饰材料与构造工艺 [M]. 长春：吉林美术出版社，2017.

[8] 胡琳琳，焦扬，甄珍 . 吊顶施工与质量控制要点实例 [M]. 北京：化学工业出版社，2017.

[9] 孙晓红 . 室内设计与装饰材料应用 [M]. 北京：机械工业出版社，2016.

[10] 王雨峰 . 装饰材料与施工工艺 [M]. 石家庄：河北美术出版社，2016.

[11] 卫冕，李宪锋 . 新型装饰材料在室内设计中的应用分析 [J]. 四川建材，2023，49（11）：56-58.

[12] 刘炜，范韵 . 室内设计中纸质装饰材料的运用 [J]. 中华纸业，2023，44（21）：82-84.

[13] 孙莎莎 . 建筑装饰材料在室内设计中的创新性运用解析 [J]. 建筑结构，2023，53（16）：172-173.

[14] 高凯虹 . 皮革软装饰材料在室内环境设计中的应用 [J]. 西部皮革，2023，45（13）：90-92.

[15] 谭翠芝 . 装饰材料与施工工艺在建筑室内设计中的应用 [J]. 居舍，2023（17）：63-65.

[16] 赵雪坤 . 室内装饰装修构造设计的要求和方法 [J]. 地产，2019（16）：35.

[17] 曹梦媛 . 室内设计中装饰材料与构造的应用 [J]. 明日风尚，2017（9）：22.

[18] 朱雪萍，罗建举 . 木材美学在室内装饰材料开发中的应用 [J]. 家具与室内装饰，2017（2）：72-74.

[19] 何勇 . 浅谈室内装饰构造细节设计方法 [J]. 建材与装饰，2015（48）：88-89.

[20] 李家强 . 室内装饰装修构造设计的要求和方法 [J]. 现代装饰（理论），2015（5）：17.

[21] 张露露 . 医疗建筑室内装饰材料的设计应用研究 [D]. 北京：北京服装学院，2021.

[22] 王李乐 . 室内设计中混凝土材料的艺术表达 [D]. 北京：中央美术学院，2020.

[23] 王素骞 . 装饰材料在现代室内设计中的应用 [D]. 石家庄：河北师范大学，2018.

[24] 方卉 . 基于生态美学下室内设计中软装饰材料的应用研究 [D]. 长沙：湖南师范大学，2018.

[25] 王冬 . 装饰材料的搭配在不同空间设计中的运用与研究 [D]. 天津：天津科技大学，2017.

[26] 徐金潇 . 室内装饰材料阻燃涂料的阻燃效果研究 [D]. 淮南：安徽理工大学，2016.

[27] 王智星 . 室内 PVC 装饰材料燃烧性能测试与评定 [D]. 杭州：中国计量大学，2016.

[28] 郝雅洁 . 论地面装饰材料的使用 [D]. 大连：大连工业大学，2016.

[29] 赵德达 . 藤材及其在室内装饰设计中的应用研究 [D]. 哈尔滨：东北林业大学，2015.

[30] 刘纯 . 建筑室内装饰材料集成化设计在空间中组合方式的研究 [D]. 武汉：湖北工业大学，2011.